Aran Knitting

Aran Knitting

Aran Knitting

Aran Knitting

基礎編織
筆記

源自艾倫島的傳統花樣，每一種都別具意涵，

密實且宛如浮雕的立體花樣，

正是任何人看到都愛不釋手的原因。

熟練最基本的編織技巧後，

看著步驟圖一起來編織手織服吧！

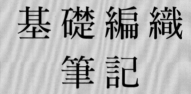

織圖上詳細記載了編織作品的資訊。
透過本單元熟記尺寸圖&記號圖的基本規則吧！

織圖看法

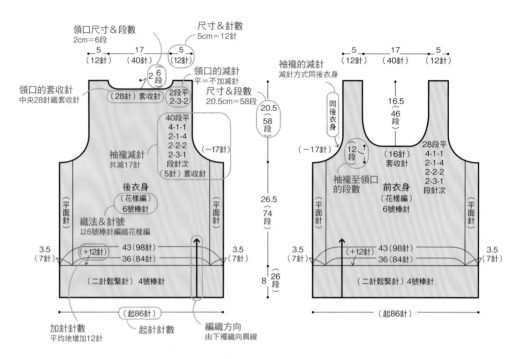

領口尺寸&段數
2cm＝6段

尺寸&針數
5cm＝12針

5（12針） 17（40針） 5（12針）

領口的套收針
中央28針織套收針

領口的減針
平＝不加減針

尺寸&段數
20.5cm＝58段

（2）6段

（28針）套收針

2段平
2-3-2

40段平
4-1-1
2-1-4
2-2-2
2-3-1
段針次
（5針）套收針

20.5（58段）

袖襱的減針
減針方式同後衣身

5（12針） 17（40針） 5（12針）

16.5（46段）

同後衣身

12段

（16針）套收針

28段平
4-1-1
2-1-4
2-2-2
2-3-1
段針次

袖襱減針
共減17針

（−17針）

（−17針）

（平面針） 後衣身（花樣編）6號棒針 （平面針）

織法&針號
以6號棒針編織花樣編

袖襱至領口的段數

前衣身（花樣編）6號棒針

（平面針） （平面針）

26.5（74段）

3.5（7針） 43（98針） 36（84針） 3.5（7針）

3.5（7針） 43（98針） 36（84針） 3.5（7針）

（＋12針）

（＋12針）

（二針鬆緊針）4號棒針

8（26段）

（二針鬆緊針）4號棒針

（起86針）

（起86針）

加針針數
平均地增加12針

起針針數

編織方向
由下襬織向肩線

尺寸圖

這是U形領背心的尺寸圖。圖中分別記載前衣身、後衣身、領口、袖襱緣編等部位的編織資訊，包括編織時必須確認的尺寸、針數·段數、袖襱或領口的減針針數等。圖示的尺寸單位皆為cm。
緣編的挑針數，通常會分區各自標示。請確認後，在「段」與「套收針目」上平均挑針。虛線部分，代表是以一圈圈編織的環編進行。

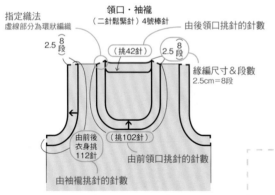

指定織法
虛線部分為環狀編織

領口·袖襱
（二針鬆緊針）4號棒針

由後領口挑針的針數

（8）2.5段

（挑42針）

（8）2.5段

緣編尺寸&段數
2.5cm＝8段

由前後衣身挑112針

（挑102針）

由前領口挑針的針數

由袖襱挑針的針數

記號圖（織圖）

記號圖為織片表面看到的狀態。最底下的方格表示針數，最右邊的方格表示段數，標示部分不列入編織範圍。下方的1至9針，與右側的1至6段範圍內為一組花樣，重複編織即可構成花樣編。記號圖中省略未畫出的部分，請依據織圖旁或尺寸圖指定的針數與段數進行，完成編織作業。
依作品而定，部分起編位置會在織圖外以箭頭另行標示，從該處起編即可完成左右對稱，兩側花樣非常整齊漂亮的作品。

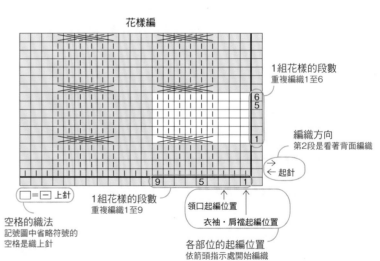

花樣編

1組花樣的段數
重複編織1至6

編織方向
第2段是看著背面編織

← 起針

□＝│ 上針

空格的織法
記號圖中省略符號的
空格是織上針

9 5 1

1組花樣的段數
重複編織1至9

領口起編位置

衣袖·肩襠起編位置

各部位的起編位置
依箭頭指示處開始編織

挑別鎖裡山的起針法（別鎖起針）

1 先以不同於作品織線的別線鉤織鎖針（參考P.7）。

2 從別鎖終點開始挑針，棒針穿入鎖針裡山。

3 以編織線掛線後，依箭頭指示鉤出織線。

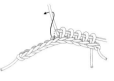

4 在鎖針裡山1山挑1針。

5 完成必要針數挑針的模樣。

挑共鎖裡山的起針法

1 鉤針鉤織必要的鎖針數，將棒針穿入最後1針。此為第1針。

2 棒針穿入第2針的鎖針裡山，依箭頭指示掛線後鉤出織線。

3 在鎖針裡山1山挑1針。此為第1段。

別鎖起針的挑針

1 看著織片背面，將棒針穿入別線的鎖針裡山，鉤出線頭。

2 棒針由外側穿入邊端針目，再解開別線的鎖針。

3 解開1針的模樣。

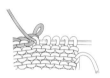

4 一邊解開別線鎖針，一邊將針目移至棒針上。

5 最後一針直接以扭針形式挑針，撤掉別線。

6 完成挑針的模樣。

◹ 上針的左上2併針

1 右棒針依箭頭指示，從右側穿入2針目。

2 右棒針從右側穿入2針目的模樣。

3 右棒針掛線鉤出，2針一起編織下針。

4 左棒針滑出針目。

5 完成上針的左上2併針。

◸ 上針的右上2併針

1 此2針要交叉，且右側針目在上。

2 右棒針依箭頭指示穿入2針目之後，從左針移開。

3 左棒針依箭頭指示挑起針目，從右針移開。

4 右棒針依箭頭指示穿入，2針一起織上針。

5 完成上針的右上2併針。

◹ 左上3併針

1 右棒針依箭頭指示，由左側一次穿入3針。

2 右棒針掛線，依箭頭指示鉤出織線，3針一起織下針。

3 左棒針滑出針目。完成左上3併針。

◺ 右上3併針

1 右棒針由內往外穿入針目1，不編織直接移至右針上。

2 右棒針依箭頭指示穿入下2針，2針一起織下針後，抽離左棒針。

3 左棒針挑起先前移動的1針，覆在織好的針目上，然後滑出針目。完成右上3併針。

※「手指起針法」、「下針」、「上針」請參考P.10至P.11。

⊠ 左上1針交叉

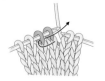  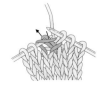 

1 右棒針依箭頭指示，從左側穿入2針目。

2 右棒針掛線，依箭頭指示鉤出織線（下針）。

3 編織針目保持原狀，右棒針依箭頭指示直接穿入右針目。

4 右棒針掛線後鉤出織線（下針）。

5 左棒針滑出針目，完成左上1針交叉。

⊠ 右上1針交叉

 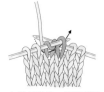  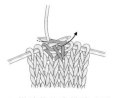 

1 右棒針依箭頭指示，由外側繞過前一針，挑起左側針目。

2 右棒針掛線，依箭頭指示鉤出織線（下針）。

3 編織針目保持原狀，右棒針再依箭頭指示穿入右針目。

4 掛線後鉤出織線（下針）。

5 左棒針滑出針目，完成右上1針交叉。。

⊠ 左上1針交叉（下方為上針）

 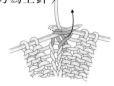 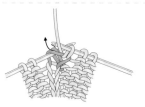  

1 織線置於內側，右棒針依箭頭指示，穿入左針目掛線。

2 右棒針依箭頭指示鉤出織線（下針）。

3 編織針目維持原狀，右棒針依箭頭指示穿入右針目。

4 右棒針掛線，依箭頭指示鉤出織線（上針）。

5 左棒針滑出針目。完成左上1針交叉（下方為上針）。

⊠ 右上1針交叉（下方為上針）

  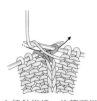  

1 右棒針依箭頭指示，由外側繞過前一針，挑起左側針目。

2 從右針目的右側鉤出左針目的模樣。

3 右棒針掛線，依箭頭指示鉤出織線（上針）。

4 左針目仍掛在左棒針上，右棒針依箭頭指示入針，掛線鉤出織線（下針）。

5 左棒針滑出針目。完成右上1針交叉針目（下方為上針）。

⊠ 左上扭針1針交叉（下方為上針）

 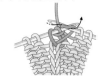  

1 右棒針依箭頭指示，由內側挑起左側針目。

2 右棒針掛線，再依箭頭指示鉤出織線（下針）。

3 維持編織中的模樣，右棒針依箭頭指示穿入右側針目。

4 右棒針掛線，依箭頭指示鉤出織線（上針）。

5 左棒針滑出針目，完成左上扭針1針交叉（下方為上針）。

⊠ 右上扭針1針交叉（下方為上針）

 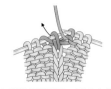 

1 織線置於內側，右棒針依箭頭指示，由外往內穿入左側針目。

2 右棒針掛線，依箭頭指示鉤出織線（上針）。

3 再依箭頭指示，穿入右側針目。

4 維持左側針目掛在左棒針上的模樣，依箭頭指示鉤出織線（下針）。

5 左棒針滑出針目，完成右上扭針1針交叉（下方為上針）。

⊔I◎ID 金錢花

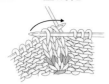    

1 右棒針挑起左側的第3針，依箭頭指示套在前2個針目上。

2 覆蓋針目後抽離右棒針。

3 第1針織下針。

4 作1掛針，原本的第2針也織下針。

5 完成左套右的金錢花。

⊞ 上針的左加針

1 先編織加針針目，左棒針依箭頭指示穿入前段針目。

2 左棒針穿入前段針目的模樣。

3 左棒針挑起針目後，右棒針依箭頭指示穿入。

4 右棒針掛線後鉤出織線（上針）。

5 完成上針的左加針。

⊞ 上針的右加針

   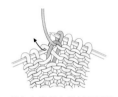 

1 織線置於內側，右棒針由外往內穿入加針的前段針目。

2 右棒針挑起針目。

3 右棒針掛線後依箭頭指示鉤出織線（上針）。

4 掛在左棒針上的針目同樣織上針。

5 完成上針的右加針。

⋁• 滑針

 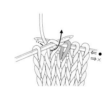 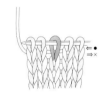 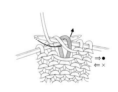

1 織線置於外側，右棒針依箭頭指示由外側穿入針目。

2 不編織移至右棒針上，再依箭頭指示穿入下1針。

3 織下針。

4 完成滑針。

5 下1段（背面編織段）改以上針編織滑針。

(下針) ⊓⊓⊓⊓⊓ 套收針

1 邊端2針織下針。

2 以右棒針挑起第1針，套住第2針。

3 完成套收針。重複「編織後覆蓋」的動作。

◎ 扭針

1 右棒針依箭頭指示穿入，扭轉針目。

2 右棒針掛線，依箭頭指示鉤出織線。

3 完成扭針。下方針腳呈扭轉的交叉狀。

◎ 上針的扭針

1 織線置於內側，右棒針依箭頭指示由外往內穿入，扭轉針目。

2 右棒針穿入針目的模樣。

3 右棒針掛線，依箭頭指示由內往外鉤出織線，織上針。

4 右棒針鉤出織線後，左棒針滑出針目。織線下方針腳呈扭轉後的交叉狀。

5 完成上針的扭針。

一針鬆緊針的收縫〈右端2下針．左端1下針〉

1 縫針由內往外穿過針目1，再由外往內穿過針目2。

2 縫針由內往外穿過針目1與針目3。

3 縫針由內往外穿過針目2，再由外往內穿過針目4（下針＆下針）。

4 縫針由外往內穿過針目3，再由內往外穿過針目5（上針＆上針）。

5 重複步驟3．4直到左端。

6 最後，縫針由外往內穿過針目2'與針目1'。

7 完成收縫。

〈右端1下針．左端1下針〉

1 縫針由內往外穿過邊端的2針目。

2 縫針由內往外穿過針目1，再由外往內穿過針目3。

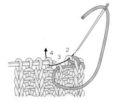

3 縫針由外往內穿過針目2，再由內往外穿過針目4（上針＆上針）。

〈兩端都是2針下針〉 步驟1～4同上方圖示

5 縫針由外往內穿過針目3'與針目1'。

6 拉線。

7 縫針由內往外穿過針目2'，再由外往內穿過針目1'（下針＆下針）。

8 完成收縫。

挑針綴縫〈平面針時〉

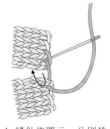

1 縫針依圖示，分別挑上、下兩織片的起針針目。

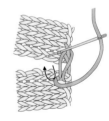

2 交互挑縫各段邊端第1針與第2針之間的織線後，拉緊縫線。

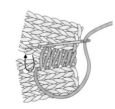

3 重複以上步驟，依序綴縫各段。

〈上針平面針時〉

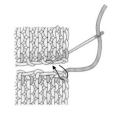

1 縫針依圖示，分別挑上、下兩織片的起針針目織線。

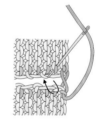

2 交互挑縫各段邊端第1針背面的織線。

引拔併縫

〈針數不同時〉

1 兩織片正面相對，對齊後鉤針如圖示穿入邊端2針目。

2 鉤針掛線後一次引拔2針目。

3 完成引拔。

4 併縫下一針時也一樣，鉤針穿入相對的2針目，掛線後再一次引拔。

兩織片針數不等時，可將鉤針穿入內側織片的2針與外側1針，掛線後一次引拔3針目。

○ 鎖針

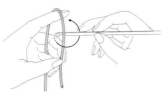

1 鉤針置於織線後方，依箭頭指示旋轉一圈，作出小線圈。

以拇指與中指按住

2 手指捏住小線圈的交叉點，鉤針依箭頭指示掛線。

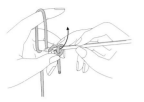

3 掛線後，鉤針依箭頭指示將織線鉤出小線圈。

4 鉤出織線後的模樣。下拉線頭收緊針目，鉤針依箭頭指示再次掛線。

5 將織線鉤出針上的線圈。

鎖針1針

6 完成1針鎖針。重複步驟4、5，鉤織必要針數。

十 短針

1 鉤針依箭頭指示入針，掛線鉤出。

2 鉤針再次掛線，一次引拔掛在鉤針上的2線圈。

3 完成1針短針。

⋀ 2短針併針

1 鉤針穿入前段針頭的2條線，掛線鉤出（未完成的短針）。

2 下一針同樣鉤未完成的短針，鉤針掛線，一次引拔掛在針上的3個線環。

3 完成2針併成1針的2短針併針。

● 引拔針

1 鉤針穿入前段鎖狀針頭的2條線，掛線鉤出（引拔）。

2 重複此動作。

⊤ 中長針

1 鉤針掛線，穿入起針的鎖針裡山，然後再次掛線。

2 鉤出織線的模樣。

3 鉤針再次掛線，依箭頭指示一次引拔鉤針上的3個線環。

4 完成中長針。

⊤ 長針

1 鉤針掛線，穿入起針的鎖針裡山，然後再次掛線。

2 鉤出織線的模樣。

3 鉤針掛線，依箭頭指示一次引拔前2個線環。

4 鉤針再次掛線，一次引拔鉤針上的最後2個線環。

5 完成長針。

⨥ 逆短針

1 鉤織立起針的鎖針1針，鉤針依箭頭指示旋轉之後，由內側入針。

2 鉤針在織線上方，掛線後直接鉤出。

3 鉤針掛線，依箭頭指示一次引拔2個線圈（短針）。

4 完成1針逆短針。

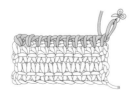

5 最後將掛在鉤針上的線環拉大後剪斷。

一起來編織
圓形肩襠背心吧！

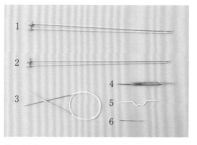

[材料]

Hamanaka　Sonomono Alpaca
Wool並太　原色（61）230g=6
球

[工具]

1 7號棒針	4 6/0號鉤針
2 6號棒針	5 麻花針
3 7號輪針	6 毛線針

[密度]

10cm正方形=上針平面針17.5針26段，
花樣編A・A'19針26段，花樣編B 22針=9cm、
10cm=26段，花樣編C19針29段

[完成尺寸]

胸圍88cm・衣長50cm・肩袖長約26cm

[衣身編織重點]

1 前、後衣身皆以手指掛線起針，由下襬開始，依織圖配置編織花
樣編與上針平面針。

2 袖襱以套收針進行減針。

3 前、後衣身織好後，最終段暫休針。

4 下襬的緣編A先以棒針挑針，進行平均減針。再改換鉤針，一邊
收針一邊鉤織結粒針。

5 挑針綴縫脇邊。

花樣編 A・A'・B

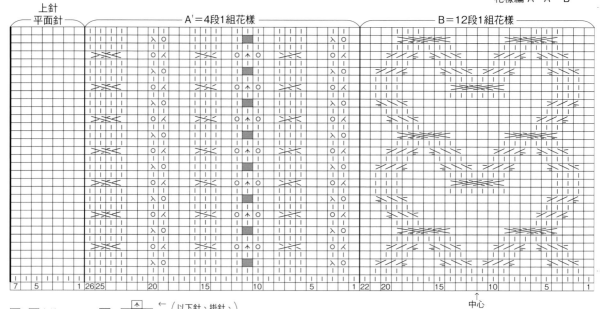

□=─=上針　　■= （以下針、掛針、下針編織3針）

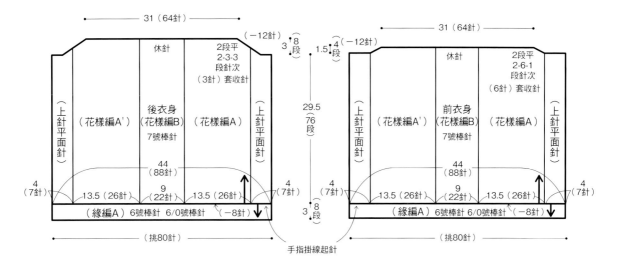

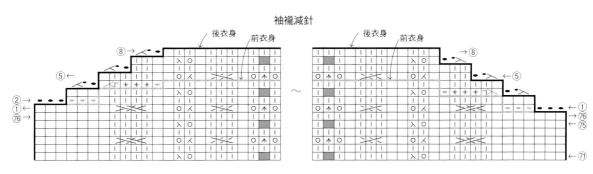

袖襱減針

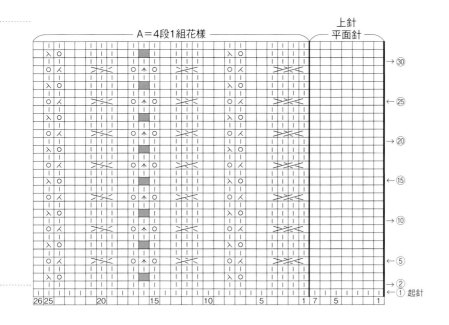

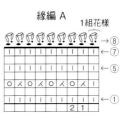

A＝4段1組花様

上針
平面針

緣編 A

1組花様

［第1段］

手指掛線起針法

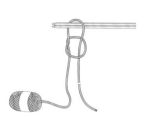

1 線頭端預留約編織長度的3倍線長。

2 作一線環，以左手按住交叉點固定。

3 從線環中拉出一段線頭端的織線。

4 將線環中抽出的織線作成一個小線環。

5 將2支棒針穿入小線環中。

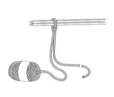

6 拉動線頭端，收緊線環（第1針）。

7 依圖示1・2・3的箭頭方向移動棒針，在棒針上掛線。

8 依1・2・3的順序掛線後的模樣。

9 鬆開拇指上的線之後，依箭頭指示方向再次勾住線。

10 以拇指收緊針目，完成第2針。

11 重複步驟7～10，完成必要的起針數。

12 起好88針。完成第1段。

13 抽出一支棒針。

［第2段］

｜ 下針　※看著背面進行的編織段，針目織法與記號圖相反。

1 織線放在外側，右棒針由內側穿入針目後掛線。

2 往內側鉤出織線後，將左棒針滑出針目。

3 完成下針。

4 接著編織其餘6針下針。

━ 上針

1 織線放在內側，右棒針由外側穿入針目後掛線。

2 往外鉤出織線後，將左棒針滑出針目。

3 完成上針。

4 依記號圖完成第2段的模樣。

［第3段］

╱○ 掛針／右上2併針

1 編織掛針。織線由內往外掛在右棒針上。

2 編織右上2併針。右棒針由內往外穿入右側針目。

3 不編織，直接移至右棒針上。圖為移動後的模樣。

4 接著織1針下針，再將左棒針穿入移至右棒針的針目，覆蓋剛剛織好的針目。

5 完成掛針與右上2併針。

3針‧3段的玉針

1 在1針裡織出3針。首先，織1針下針。

2 維持編織的模樣直接作掛針。

3 再次以同一個針目織下針。

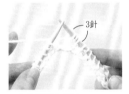

4 左棒針滑出針目。

5 左、右棒針換手持針，看著織片背面，挑先前完成的3針織上針。

6 完成3針上針。

7 再次換手持針，右棒針由內往外穿入2針目後移開。

8 第3針織下針。

9 將移至右棒針上的2針挑起，覆蓋步驟8織好的1針上（中上3併針）。

10 3針‧3段的玉針

╲╲╱ 右上3針&1針交叉（下方為上針）

1 將左棒針上的3針移至麻花針上，放在內側暫時休針。

2 第4針織上針。

3 將麻花針上的3針移回左棒針上。

4 3針都織下針。

5 完成右上3針&1針交叉（下方為上針）。

左上3針＆1針交叉
（下方為上針）

1 將左棒針上的1針移至麻花針上，放在外側暫時休針。

2 接著織3針下針。

3 將麻花針上的1針移回左棒針上，織上針。完成左上3針＆1針交叉（下方為上針）。

［第5段］

左上2針交叉

1 將左棒針上的2針移至麻花針上，放在外側暫時休針。

2 接著織2針下針。

3 將麻花針上的2針移回左棒針上，織下針。

4 完成左上2針交叉。

左上2併針／掛針

1 編織左上2併針。右棒針由左側一次穿入2針目。

2 2針一起織下針。

3 織掛針。完成左上2併針＆掛針。

左上1針＆2針交叉

1 將左棒針上的2針移至麻花針上，放在外側暫時休針。

2 接著織1針下針。

3 將麻花針上的2針移回左棒針上，織下針。

掛針／中上3併針

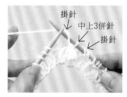

掛針
中上3併針
掛針

參考P.11步驟7～9，編織掛針、中上3併針、掛針。

右上1針＆2針交叉

1 將左棒針上的1針移至麻花針上，放在內側暫時休針。織2針下針後，將麻花針上的針目移回左棒針織下針。

2 完成右上1針＆2針交叉。

右上2針交叉

1 將左棒針上的2針移至麻花針上，放在內側暫時休針。織2針下針後，將麻花針上的針目移回左棒針。

2 織下針。完成右上2針交叉。

〔第7段〕

左上3針交叉
（下方為上針）

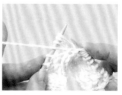

1 將左棒針上的3針移至麻花針上，放在外側暫時休針。

2 織3針下針。

3 將麻花針上的3針移回左棒針上，織上針。

4 完成左上3針交叉（下方為上針）。

右上3針交叉（下方為上針） 左上3針交叉

1 將左棒針上的3針移至麻花針上，放在內側暫時休針。

2 織3針上針。

3 將麻花針上的3針移回左棒針上，織下針。完成右上3針交叉（下方為上針）。

1 將左棒針上的3針移至麻花針上，放在外側暫時休針。

2 織3針下針。

3 將麻花針上的3針移回左棒針上，織下針。完成左上3針交叉。

［袖襱減針］
右側的套收針

1 邊端2針織上針。

2 左棒針尖端由內往外挑起織好的針目1。

3 覆蓋在針目2上。完成1針套收針。

4 重複「將前1針套在剛織好的針目上」，完成指定針數的套收針。

左側的套收針　　　　　　　　　　　　　　右側第2次以後的減針 ⤳

1 邊端2針織下針。

2 左棒針尖端由內往外挑起織好的針目1，覆蓋在針目2上。

3 重複「將前1針套在剛織好的針目上」，完成指定針數的套收針。

1 右棒針由外往內穿入邊端針目，不編織，直接移動。

2 下一針織上針。

左側第2次以後的減針 ⤳

3 左棒針挑起移至右棒針上的針目1，重疊在針目2上。

4 重複「將前1針套在剛織好的針目上」，完成指定針數的套收針。

1 右棒針由內往外穿入邊端針目，不編織，直接移動。

2 下一針織下針，左棒針挑起移至右棒針上的針目1，重疊在針目2上。

3 重複「將前1針套在剛織好的針目上」，完成指定針數的套收針。

右側袖襱　　　　　左側袖襱　　　　　後衣身　　　　　前衣身

完成後衣身右側減針的模樣。

完成後衣身左側減針的模樣。

最終段針目另取棒針維持原樣，暫時休針。

編織指定段數後處理袖襱減針部分。最終段針目另取棒針維持原樣，暫時休針。

[下襬緣編A]
第1段（挑針）

   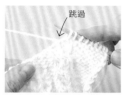 

1 看著衣身正面在下襬挑針。第1針是將棒針穿入半針背面，掛線鉤出織線。

2 將棒針穿入下一針目。

3 掛線後鉤出織線。

4 第9針的交叉部分跳過1針不挑針，接著重複「挑9針、跳過1針」的動作。

5 如記號圖完成第7段的模樣。

第8段

1 右手改持鉤針，看著衣身背面鉤織。鉤針由內往外穿入第1個針目。

2 鉤針掛線鉤出。完成1針套收針。

3 接著鉤織3針鎖針，挑第1針鎖針的半針與裡山。

4 鉤針掛線。

5 一次引拔所有針目，完成1組花樣。

6 重複步驟1至5。

7 完成下襬的緣編A。織好後預留約45cm線段，作為挑針綴縫脇邊的縫線。

挑針綴縫脇邊

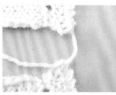  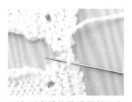 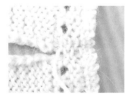

1 線頭穿入毛線針，對齊脇邊，如圖挑下方織片編織終點的邊端針目，拉緊縫線。

2 上方織片同樣挑編織終點的邊端針目，拉緊縫線。

3 在下方織片挑邊端針目內側下方半針，拉緊縫線。

4 在上方織片挑1針上方內側的針目，拉緊縫線。

5 重複挑針後，下襬緣編縫合完成的模樣。

6 上針平面針挑織片邊端針目內側下方半針，拉緊縫線。

7 下方織片也挑織片邊端針目內側下方半針，拉緊縫線。

8 重複挑縫至最後，將縫線穿入內側收針藏線。

[肩襠・袖襱的編織要點]

1 進行肩襠的挑針之前，先使用鉤針完成2條別線鎖針。以
　7號輪針，在前、後衣身的休針與別線鎖針挑針後進行環
　狀編織。接著編織緣編B。
2 袖襱部分挑針後織緣編C。

緣編C　6/0號鉤針

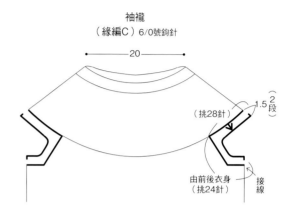

肩襠

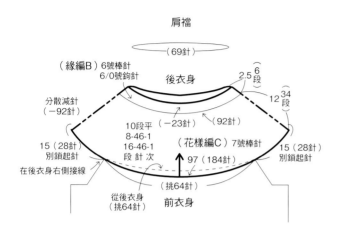

袖襱
（緣編C）6/0號鉤針

花樣編C＆圓形肩襠織法

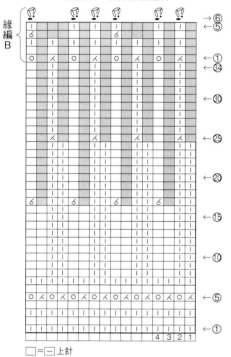

□＝□ 上針
▨＝無針目部分

[肩襠]
花樣編C

1 以共線鉤織鎖針起針（參
考P.7）。

2 鉤織好鎖針28針的模樣。
鉤織2條備用。

3 在後衣身的右脇邊接線，
再以輪針挑針。一邊在休針
針目挑針，一邊編織下針。

4 完成後衣身的64針，接著
從別鎖裡山1山挑1針。

5 在別鎖裡山挑完28針的模
樣。

6 接著在前衣身挑64針織下
針，再繼續從別鎖裡挑28針，
完成第1段。後續依記號圖以
環編進行。

7 從第17段開始減針。織上針的左上2併針時，右棒針從右側一次穿入2針目。

8 棒針掛線，2針一起織上針。

9 完成上針的左上2併針。依記號圖一邊減針一邊完成。

緣編B

1 編織至緣編B第5段的模樣。

2 織第6段時改持鉤針，看著背面鉤織一圈後。將鉤針穿入起編針目。

3 掛線後引拔。將針目拉長約5cm，再從線環中間剪斷。

4 線頭穿針，在背面收針藏線。

5 完成肩襠的編織。

[袖襱]

緣編C

1 在脇邊接線後開始編織。鉤針掛線後鉤出。

2 鉤針再次掛線後引拔，完成1鎖針的立起針。

3 鉤織短針。將鉤針穿入步驟1的相同針目，掛線鉤出。

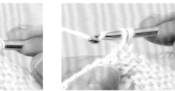

4 鉤針再次掛線引拔。

5 完成短針。

6 鉤織至肩襠前，平均挑針鉤12針。

7 沿袖襱鉤織1圈後，鉤針穿入起編的鎖針。

8 鉤針掛線後引拔。

9 第2段則是看著背面鉤織，依記號圖完成。

完成！

前

後

Aran Knitting

經典愛爾蘭
艾倫花樣手織服

35款暖暖毛衣・披肩・帽子・圍巾……

Contents

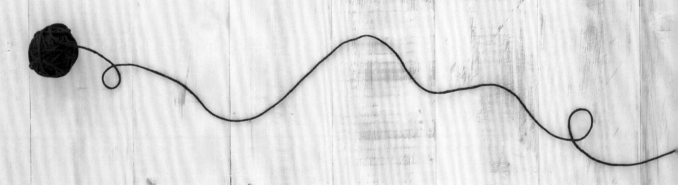

01

麻花背心

How to make
P.66

從肩膀到腰際都以麻花裝飾的基本款背心。
可充分欣賞艾倫島花樣立體感的作品。

Design／風工房

【Cable／麻花】

編織衣物時，應用最廣泛的艾倫花樣。
象徵艾倫群島海港漁民們使用的繩索，
充滿祈求安全與豐收的心情。

02

愛心麻花披風
How to make
P.68

披風中央宛如愛心的大型麻花充滿魅力。領口可反摺成寬大衣領，素雅穿著僅套上這件就能令人驚豔！
Design／岡 まり子　Knitting／水野順

03

絨球毛線帽

How to make
P.69

以絨球與鬆緊針裝飾的休閒風毛線帽。不規則分布的點點花呢，成了最吸睛的點綴。

Design／岡 まり子

04

V領背心

How to make
P.70

在菱形花樣中織入1針的桂花針。
兩旁以生命之樹＆細麻花作出對稱的美感。

Design／風工房

【 Tree of Life／生命之樹 】

以樹幹與大型樹枝為形象。
象徵著長壽的願望，以及期望生下長大後
可幫忙捕魚的健康寶寶等。

 05

船形領毛衣

How to make
P.72

衣身與袖子上都編織了相同的花樣。
衣身花樣的兩側更加上雙Z條紋，強調存在感。

Design／河合真弓　Knitting／羽生明子

【 Double Zig-Zag／雙Z條紋 】

象徵沿著艾倫群島斷崖蜿蜒而上的小徑。
蘊含著夫婦倆決心攜手共度美好人生的意境。

06

兩穿式開襟外套

How to make
P.74

只要直直編織，在長方形的織片加上鈕釦，就能變化出衣袖。亦可當作能包覆住整個肩膀的大型披肩。

Design／岡 まり子　Knitting／內海理惠

07

花樣3拼脖圍

How to make
P.76

依序編織三種花樣，連接成脖圍。
一件就能享受麻花、菱紋等各種艾倫花樣的樂趣。

Design／Sachiyo*Fukao　Knitting／橫垣內英子

08

小圓領背心

How to make
P.78

以重複編織的菱形與麻花為主要花樣，充滿合太線才能呈現的纖細花樣魅力。

Design／岡本啟子　Knitting／松原悅子

09

扇貝花樣瑪格麗特

How to make
P.80

縫合袖下之後，大大的扇形波浪就會形成蜂巢花樣。
領口與下襬的荷葉邊則是以鉤針編織而成。

Design／水原多佳子　Knitting／立里テレサ

10

露指袖套

How to make
P.82

以平面針直線織成長方織片，再縫合拇指側形成環狀的袖套。
由於是很單純的花樣構成，初學者不妨動手織織看。

Design／前芽由美子

11 🍃 皮草滾邊小斗篷

How to make
P.84

純白粗線編織的斗篷,加上皮草作為重點裝飾。領口也加上輕柔蓬鬆的絨球點綴。

Design／水原多佳子　Knitting／松好孝子

12

簡約開襟外套

How to make
P.83

完全由細緻的艾倫花樣構成的開襟外套。純白毛線展現出輕盈柔美的氛圍。

Design／北川陽子

13

短版背心

How to make
P.86

連洋裝都能完美搭配的短版背心。只在上半部縫了兩顆鈕釦，下襬則是一段長長的鬆緊針。

Design／水原多佳子　Knitting／大村博美

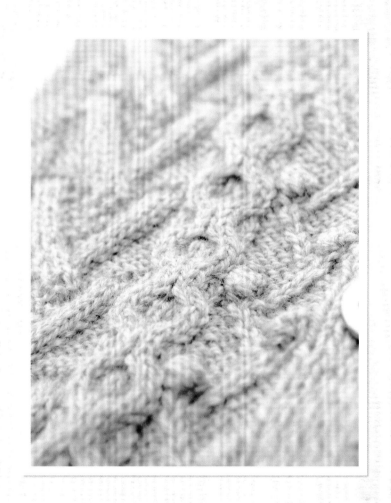

【Honeycomb／蜂巢】

宛如勤快的蜜蜂在採釀花蜜，
表示耕耘就會得到相對的收穫。
亦象徵是一項辛苦無比的工作。

14

橫紋毛衣

How to make
P.88

兩袖與肩襠之間並列著各種尺寸的麻花而魅力無窮。
衣袖織成寬大蓬鬆的泡泡袖形狀。

Design／岡 まり子

15

蝴蝶結背心

How to make
P.90

以中央的玉針為主，左右各搭配了兩條麻花，領口上的蝴蝶結讓整件毛衣更顯甜美可愛。
Design／水原多佳子　Knitting／林 多惠子

16

高領毛衣

How to make
P.92

在橫向編織的袖子與肩襠挑針，編織衣身。連衣領都織上了漂亮的麻花。

Design／木下光子

17

麻花長圍巾

How to make
P.94

三條並排的寬麻花構成圍巾主體，兩側再以桂花針收邊。明亮的色彩，輕鬆成為穿搭焦點。

Design／木下光子

18

波浪紋領片

How to make
P.96

看起來小巧，卻是非常暖和的領片。
由麻花、菱形與波浪花樣等交織而成。

Design／橫山純子

19
雙排釦背心

How to make
P.98

雙排釦的前襟，適合搭配比較中性的穿著。
平面針的緣編會自然形成漂亮的捲度。

Design／岡 まり子　Knitting／指田容子

44

20

麻花毛線帽

How to make
P.100

麻花與扭針形成的條紋花樣一直延伸到帽頂。絨球與帽緣的亮麗滾邊十分吸睛。

Design／河合真弓　Knitting／關谷幸子

21

翻領披肩

How to make
P.101

以大大小小的波浪狀花樣構成主體的翻領披肩。使用別針固定前襟，當作斗篷穿搭也很有型。

Design／林 久仁子

22
船形領背心

How to make
P.103

中央的大菱格裡以桂花針點綴，
線條簡潔的鬆緊針肩襠，將艾倫花樣襯托得更加顯眼。

Design／橫山 純子

【Diamond／鑽石菱紋】

象徵成功＆富裕＆財寶，
由於形似漁夫們所使用的魚網，
因而經常搭配祈求艾倫群島漁村繁榮
不可或缺的麻花花樣。

23

玉針襪套

How to make
P.102

在菱格之間鉤織爆米花針，完成可愛無比的艾倫花樣，鬆緊針也加入花樣修飾得更漂亮。

Design／Sachiyo*Fukao　Knitting／奧田順子

24

藤籃紋毛線帽

How to make
P.104

沿著帽緣配置了細緻的藤籃網紋。鬆鬆的戴上,寬大的帽冠會呈現自然的垂墜感。

Design／柴田 淳

25

拉克蘭袖開襟外套

How to make
P.105

前襟兩側各織一條小麻花裝飾。領口與前立，則以細密的桂花針妝點得更精緻。

Design／風工房

雙口袋長背心

How to make
P.106

加上爆米花針的雙口袋＆領口的繩結，是這款毛衣的重點裝飾。雙層加厚的滾邊令人印象深刻。

Design／林 久仁子

27

包釦圍巾

How to make
P.95

花朵似的包釦讓圍巾顯得更可愛迷人。僅僅繫在其中一側的流蘇也是視線焦點。

Design／岡 まり子

How to make
P.108

28

長版肩帶背心

加上小背心般的肩帶，卻是罩衫長度的背心，衣身的麻花一直延伸至肩帶。

Design／鎌田惠美子　Knitting／有我貞子

帽子&圍巾

How to make
P.110-111

讓人想要一起穿戴的成套作品。圍巾上還加了小巧可愛的毛線球。

Design／岡本啟子　Knitting／矢野晶子

30

絨球鴨舌帽

How to make
P.112

適合輕鬆休閒裝扮的鴨舌帽。以棒針編織帽冠，以鉤針編織帽簷。

Design／水原多佳子

31

短袖開襟毛衣

How to make
P.114

只是由下襬開始筆直編織，
就會自然而然形成短袖的輪廓。
整件皆以粗線編織，
營造出粗獷帥氣的風格。

Design／柴田 淳

32

圈圈紗背心

How to make
P.116

由三片長方形織片構成的背心。
使用觸感綿柔的圈圈紗，
織出饒富趣味的花樣。

Design／柴田 淳

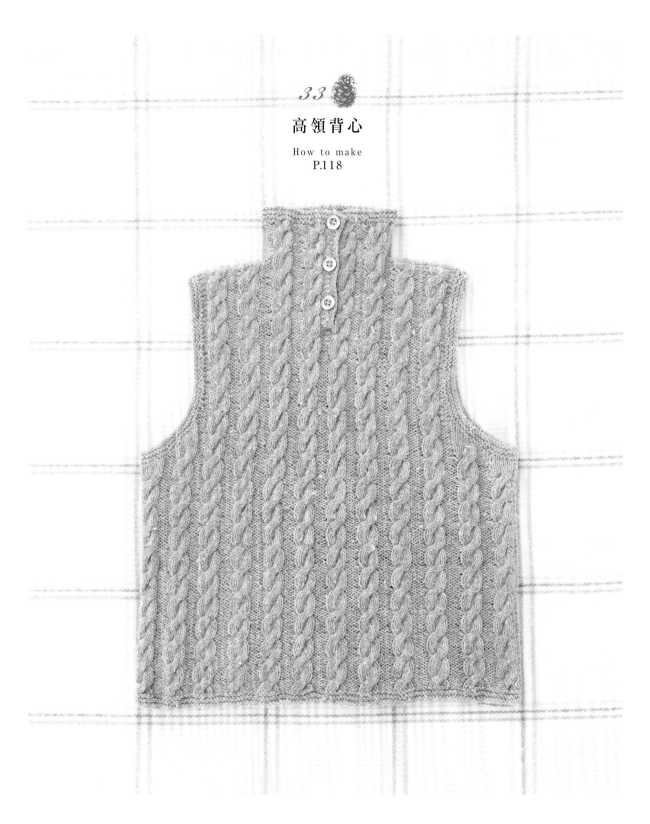

33

高領背心

How to make
P.118

穿上後連脖頸都溫暖無比的高領背心。鬆開鈕釦成小領子，露出內搭的衣服也很好看。

Design／橫山純子

34

簡約背心

How to make
P.117

只有前衣身中央配置了麻花，後衣身不織任何花樣，造型簡單俐落的背心。

Design／河合真弓　Knitting／羽生明子

35

圓形肩襠背心

Lesson
P.8

中央飾以美麗的大型麻花，結合細緻的鏤空花樣。緣編的結粒針讓整件背心顯得更甜美。

Design／林 久仁子

本書使用線材

Olympus製絲　Silky Franc
絲34%、羊毛33%、毛海23%、尼龍10%　40g
／球　約115m　共15色　棒針5～7號　鉤針
5/0～6/0號

Daruma　Prime Merino合太
羊毛（Extra Fine Merino）100%　30g／球
約102m　共15色　棒針4～5號　鉤針5/0～
6/0號

Daruma　Prime Merino並太
羊毛（Extra Fine Merino）100%　40g／球
約86m　共20色　棒針7～8號　鉤針7/0～8/0
號

Daruma　Asamoya La Seine
壓克力100%　40g／球　約56m　共13色
棒針11～13號　鉤針9/0～10/0號

Daruma　Merino style極太
羊毛（Merino）100%　40g／球　約65m
共10色　棒針9～11號　鉤針8/0～9/0號

Daruma　Merino style並太
羊毛（Merino）100%　40g／球　約88m
共12色　棒針6～7號　鉤針6/0～7/0號

Puppy　Alpaca Mollis
Alpaca（幼羊駝毛）98%、尼龍2%　40g／球
約58m　共7色　棒針9～11號

Puppy　Soft Douegal
羊毛100%　40g／球　約75m　共12色　棒針
8～10號

Hamanaka　Aran Tweed
羊毛90%、羊駝毛10%　40g／球　約82m
共12色　棒針8～10號　鉤針8/0號

Hamanaka　Mens Club Master
羊毛（防縮加工羊毛）60%、壓克力40%
50g／球　約75m　共26色　棒針10～12號
鉤針10/0號

Hamanaka　Sonomono合太
羊毛100%　40g／球　約120m　共5色　棒針
4～5號　鉤針4/0號

Hamanaka　Sonomono Tweed
羊毛53%、羊駝毛40%、其他（駱駝或犛牛
毛）7%　40g／球　約110m　共5色　棒針
5～6號　鉤針5/0號

Hamanaka　Sonomono Alpaca Wool並太
羊毛60%、羊駝毛40%　40g／球　約92m
共5色　棒針6～8號　鉤針6/0號

Hamanaka　Sonomono Alpaca Wool
羊毛60%、羊駝毛40%　40g／球　約60m
共9色　棒針10～12號　鉤針8/0號

Hamanaka　Sonomono Loop
羊毛60%、羊駝毛40%　40g／球　約38m
共3色　棒針15號～8mm

Hamanaka　Organic Wool Mid Fiel
羊毛（Organic Wool）100%　40g／球　約
80m　共13色　棒針7～8號　鉤針7/0號

Hamanaka　Lupo
嫘縈65%、聚酯纖維35%　40g／球　約38m
共8色　棒針10～12號　鉤針10/0號

圖中線材為原寸粗細，以上資料為2012年10
月當時資訊。

How to make

*織圖中標示的尺寸單位皆為cm。
*編織記號的針法，請參考P.2開始的基礎編織筆記。

麻花背心
P.20

[材料&工具]
線材…Hamanaka Sonomono Tweed
灰色（75）210g＝6球
針…棒針6號・4號
[密度]10cm正方形＝平面針 20針28段・
花樣編 23針28段
[完成尺寸]胸圍86cm・肩寬32cm・衣長
55cm

[編織要點]
1 手指掛線起針，從下襬開始編織。進行
　至花樣編第1段時，依織圖平均加針。
2 袖襱、領口減2針以上時織套收針，減1
　針時織邊端立針減針。完成衣身後，編
　織終點的肩線部分暫時休針。
3 前後衣身織片正面相對，對齊後引拔併
　縫肩線，挑針綴縫脇邊。
4 在袖襱、領口挑針進行環狀編織，收針
　段織法同前段針目，上針織上針套收
　針，下針織下針套收針。

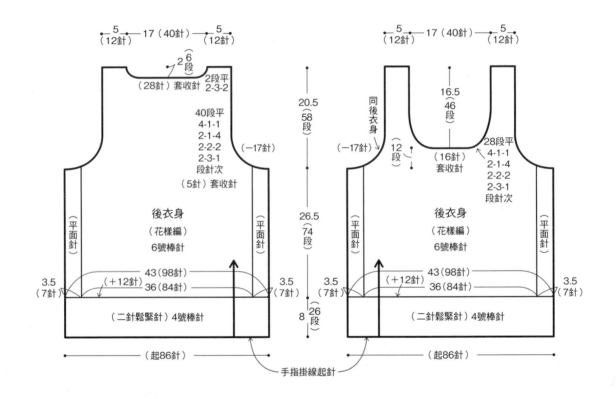

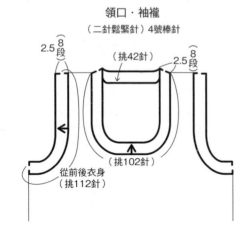

領口・袖襱
（二針鬆緊針）4號棒針

花樣編

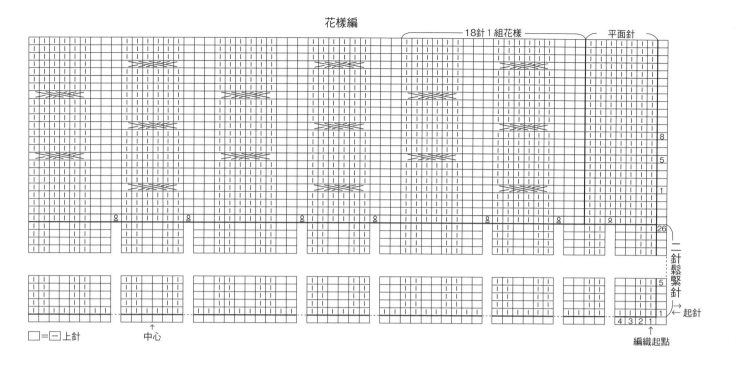

□=−上針　中心　編織起點

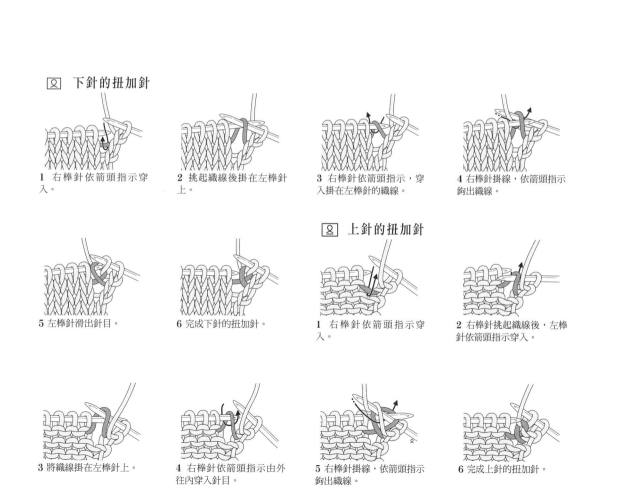

ꞙ 下針的扭加針

1 右棒針依箭頭指示穿入。

2 挑起織線後掛在左棒針上。

3 右棒針依箭頭指示，穿入掛在左棒針的織線。

4 右棒針掛線，依箭頭指示鉤出織線。

5 左棒針滑出針目。

6 完成下針的扭加針。

ꞙ 上針的扭加針

1 右棒針依箭頭指示穿入。

2 右棒針挑起織線後，左棒針依箭頭指示穿入。

3 將織線掛在左棒針上。

4 右棒針依箭頭指示由外往內穿入針目。

5 右棒針掛線，依箭頭指示鉤出織線。

6 完成上針的扭加針。

67

02

[材料&工具]

線材…Daruma　Merino style極太　淺灰
色（302）310g=8球

針…輪針12號・7號・8號・9號

[密度] 花樣編A　36針=14.5cm、10cm=22
段，花樣編B 28針=12cm、10cm=22段

[完成尺寸] 衣長37cm

[編織要點]

1 手指掛線起針，以環編的二針鬆緊針開
始編織。

2 參考織圖在領子的第1段減針，然後一邊
調整密度一邊織花樣編C。收針段織法
同前段針目，上針織上針套收針，下針
織下針套收針。

愛心麻花斗篷

P.22

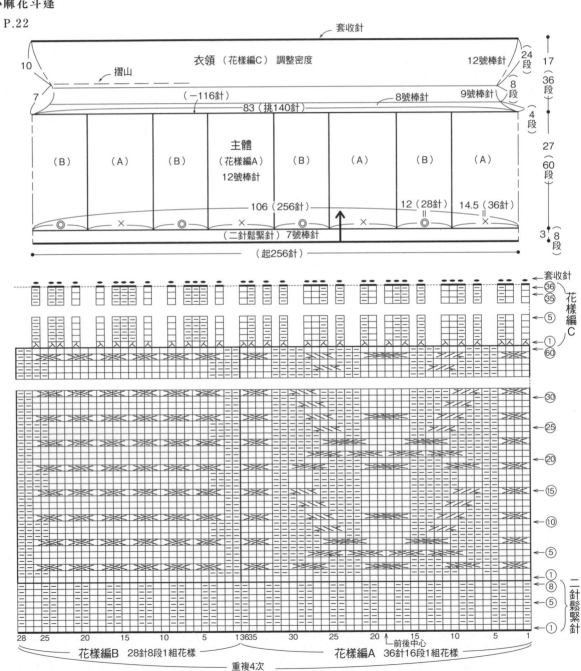

68

03

絨球毛線帽
P.23

[材料&工具]
線材…Hamanaka Aran Tweed　深灰色
（9）110g=3球
針…棒針11號・8號
[密度] 10cm正方形=花樣編 26針×24段
[完成尺寸] 頭圍48cm・深23cm

[編織要點]
1　別鎖起針，以環編的花樣編開始編織。
2　帽頂參考織圖一邊分散減針一邊編織。
3　一邊拆掉別線鎖針一邊挑針，編織二針鬆緊針。收針段織法同前段針目，上針織上針套收針，下針織下針套收針。
4　依圖示製作絨球，完成後接縫於帽頂。

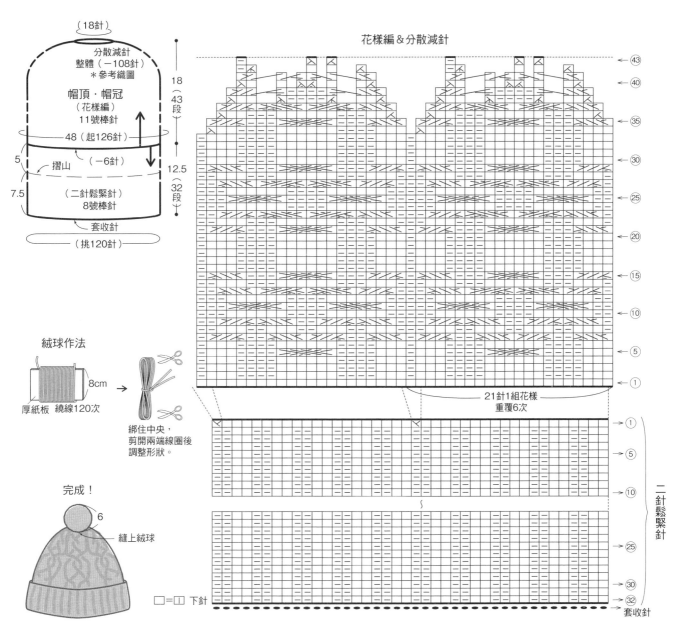

花樣編＆分散減針

絨球作法

8cm

厚紙板　繞線120次

綁住中央，剪開兩端線圈後調整形狀。

完成！

6

縫上絨球

□=□ 下針

69

V領背心

P.24

[材料&工具]

線材…Hamanaka　Sonomono Wool並太

茶色（63）280g＝7球

針…棒針7號、5號

[密度] 10cm正方形＝花樣編A　24針×30段・花樣編B 27針×30段

[完成尺寸] 胸圍80cm・肩寬30cm・衣長56cm

[編織要點]

1 手指掛線起針，由下襬開始編織。

2 編織二針鬆緊針後，參考織圖進行花樣編第1段的加針，接著不加減針編織86段。

3 袖襱、領口減2針以上時織套收針，減1針時織邊端立針減針。前領口分左右兩部分編織。編織終點的肩線部分暫時休針。

4 在袖襱、領口挑針進行環狀編織。領口中央如織圖織2併針。收針段織法同前段針目，上針織上針套收針，下針織下針套收針。

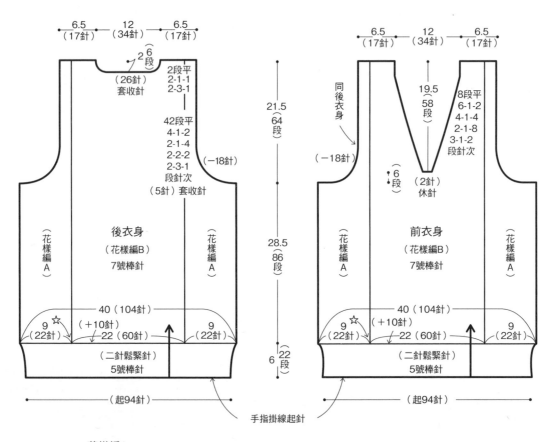

花樣編A

前後衣身

編織起點

□＝□ 上針

領口・袖襱
（二針鬆緊針）5號棒針

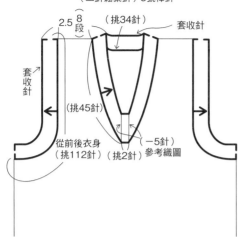

領口減針

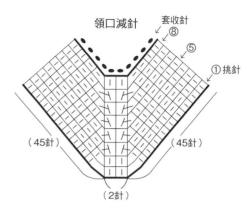

花樣編B

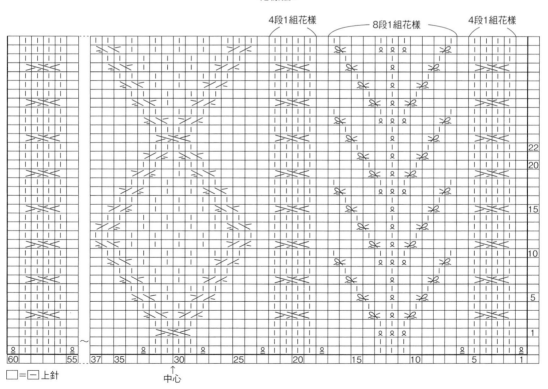

□=[一]上針

*38～54針的織法同1～17針。

船形領毛衣
P.26

[材料&工具]
線材…Daruma　Prime Merino並太
杏色（3）450g＝12球
針…棒針8號・7號　鉤針6/0
[密度] 10cm正方形＝平面針　21針×27段・
花樣編 29針×27段
[完成尺寸] 胸圍92cm・衣長56cm・肩袖長
72cm

[編織要點]
1 編織形狀相同的前後衣身。手指掛線起
　針，以起伏針開始編織。接著不加減針
　編織上針平面針與花樣編，在接合袖子
　的位置加上記號圈後，一直織到肩線。
2 袖子的起編方式同衣身，編織袖下時，
　在邊端內側織扭加針加1針，結束時織套
　收針。
3 衣身織片正面相對，對齊後引拔併縫肩
　線。
4 在衣身的領口挑針，以環編的起伏針編
　織衣領，收針段鉤織短針固定。
5 挑針綴縫脇邊・袖下，以引拔併縫接合
　袖子與衣身。

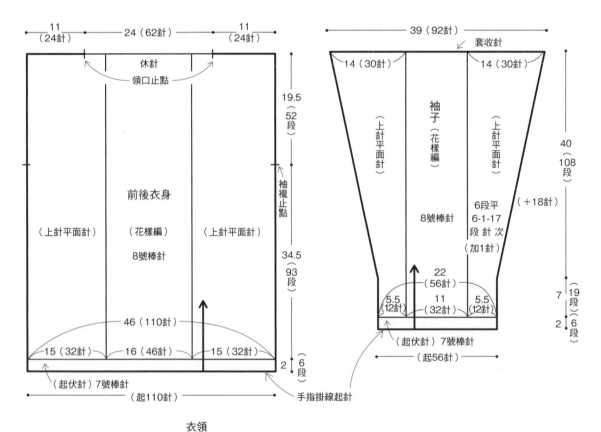

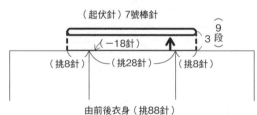

＊收針段改以6/0號鉤針，
　鉤織短針固定。

花樣編

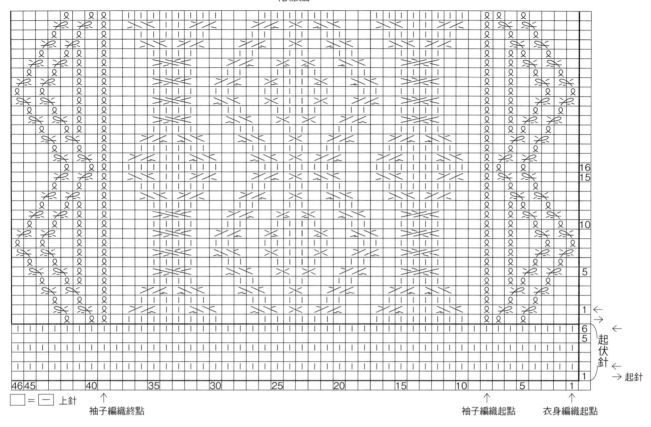

□ = □ 上針

袖子編織終點　　　　　　　　　　　　　　　　　袖子編織起點　　衣身編織起點

衣領起伏針的收針

1 鉤針穿入收針起點的第1針，掛線。

2 鉤出織線。

3 下一針鉤短針。

4 接下來的針目同樣鉤短針。

5 後續皆鉤織短針收針。

73

06

兩穿式開襟外套

P.28

[材料&工具]

線材…Puppy Alpaca Mollis 淺褐色（903）450g=12球

針…棒針11號・9號

其他…直徑3cm鈕釦3個

[密度] 10cm正方形＝花樣編A 19.5針19段；花樣編B 6針=3.5cm、19段=10cm

[完成尺寸] 寬47cm・長159cm

[編織要點]

1 手指掛線起針，依織圖配置編織花樣編。

2 收針段織法同前段針目，上針織上針套收針，下針織下針套收針。

3 在指定位置縫上鈕釦。

花樣編B　6針2段1組花樣

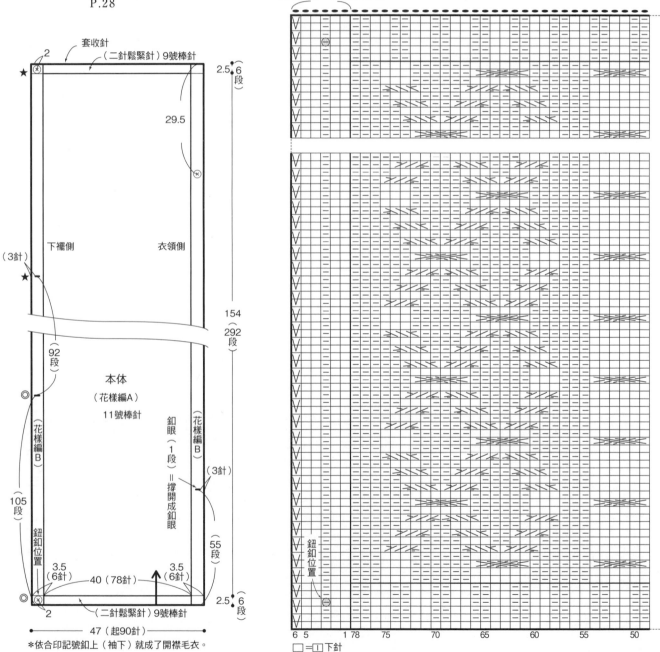

套收針

（二針鬆緊針）9號棒針

2

★

29.5

2.5（6段）

下襬側　衣領側

（3針）

★

154（292段）

本体（花樣編A）11號棒針

釦眼（1段）＝撐開成釦眼

（3針）

（花樣編B）

（花樣編B）

（92段）

55段

105段

鈕釦位置

3.5（6針）

40（78針）

3.5（6針）

2.5（6段）

2

（二針鬆緊針）9號棒針

47（起90針）

＊依合印記號釦上（袖下）就成了開襟毛衣。

鈕釦位置

6 5　1 78　75　70　65　60　55　50

□＝□下針

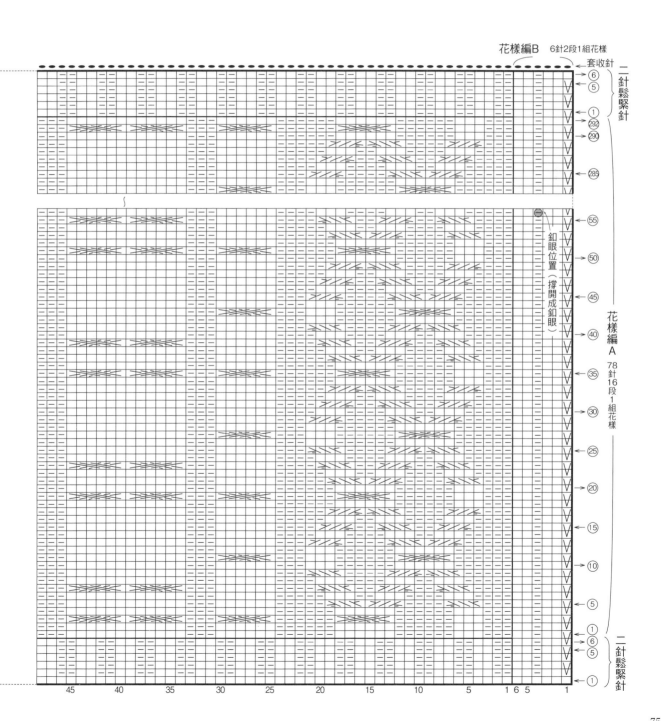

花樣編B　6針2段1組花樣

套收針

二針鬆緊針

花樣編A
78針16段1組花樣

釦眼位置
（撐開成釦眼）

二針鬆緊針

花樣3拼脖圍
P.30

[材料&工具]
線材…Daruma　Merino style並太　原色
（1）150g＝4球
針…棒針8號
[密度] 花樣編A・B 28針＝12cm、28段＝10
cm；花樣編C 35針＝12cm、28段＝10cm
[完成尺寸] 寬17cm・長150cm

[編織要點]
1　手指掛線起針法起40針，一邊編織配置
　於兩側的花樣編D，一邊編織起伏針。
　接著重複編織花樣編與起伏針。
2　編織最終段暫休針，以平面針併縫接合
　起針段與最終段。

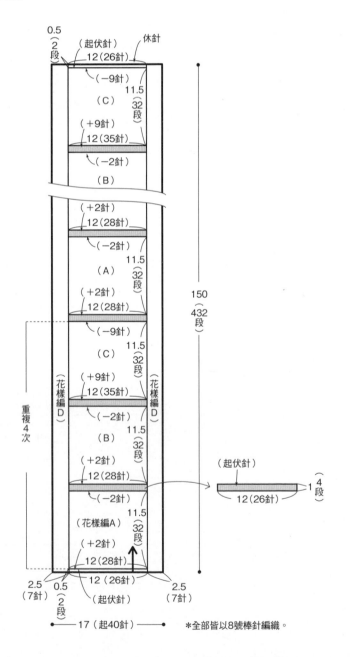

0.5
（2段）
（起伏針）
12（26針）
休針
（−9針）
（C）
11.5（32段）
（＋9針）
12（35針）
（−2針）
（B）

（＋2針）
12（28針）
（−2針）
（A）
11.5（32段）
（＋2針）
12（28針）
（−9針）
（C）
11.5（32段）
（＋9針）
12（35針）
（−2針）
（B）
11.5（32段）
（＋2針）
12（28針）
（−2針）
11.5（32段）
（花樣編A）
（＋2針）
12（28針）
12（26針）

150（432段）

（花樣編D）
（花樣編D）

重複4次

（起伏針）
12（26針）
1（4段）

2.5（7針）
0.5（2段）
（起伏針）
2.5（7針）

17（起40針）
＊全部皆以8號棒針編織。

完成！

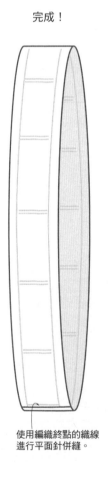

使用編織終點的織線
進行平面針併縫。

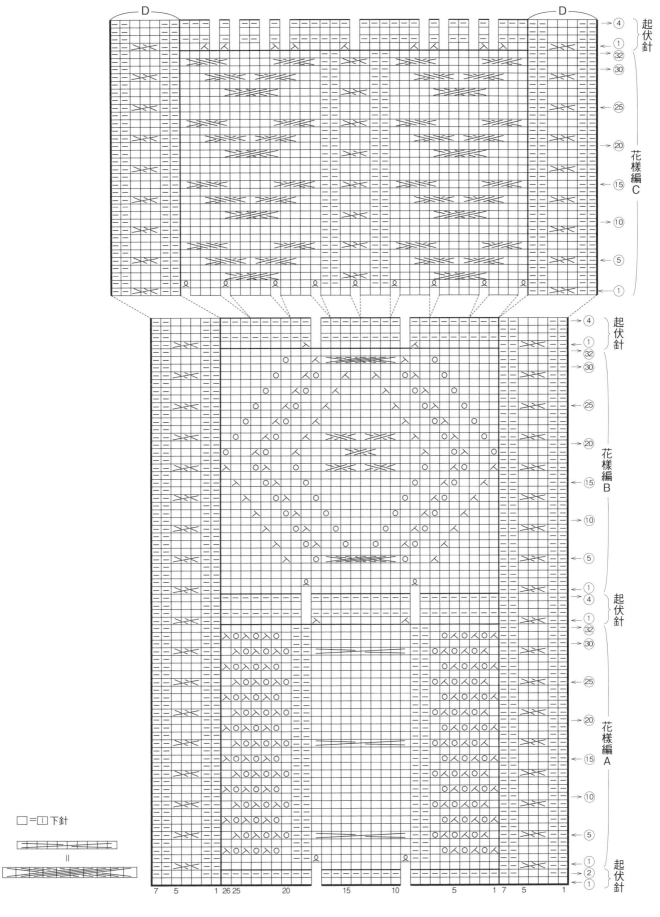

08

小圓領背心

P.31

[材料&工具]
線材…Hamanaka　Sonomono合太　杏色
（2）215g=6球
針…棒針5號・3號
[密度] 10cm正方形=平面針　24針×36段，
花樣編A・B 33針×36段
[完成尺寸] 胸圍93cm・肩寬35.5cm・衣長
51.5cm

[編織要點]
1 別鎖起針，挑裡山針目開始編織下襬。
2 袖襱、領口減2針以上時織套收針，減1針時織邊端立針減針。編織終點的肩線部分暫時休針。
3 一邊拆掉別線鎖針一邊挑針編織下襬，前衣身平均減針後織一針鬆緊針，最後以一針鬆緊針的收縫固定。
4 前後衣身織片正面相對，對齊後引拔併縫肩線，針數較多的前衣身可挑2針縫合（參考P.6），挑針綴縫脅邊。
5 在袖襱、領口挑針進行環編，最後以一針鬆緊針的收縫固定。

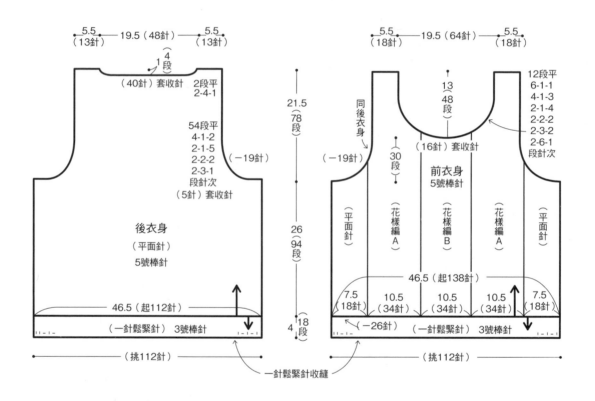

後衣身
（平面針）
5號棒針

5.5（13針）　19.5（48針）　5.5（13針）

1
4
段

（40針）套收針　2段平
2-4-1

54段平
4-1-2
2-1-5
2-2-2
2-3-1
段針次
（5針）套收針

（−19針）

46.5（起112針）

（一針鬆緊針）3號棒針

（挑112針）

21.5（78段）

26（94段）

4（18段）

前衣身
5號棒針

5.5（18針）　19.5（64針）　5.5（18針）

同後衣身

13
48
段

12段平
6-1-1
4-1-3
2-1-4
2-2-2
2-3-2
2-6-1
段針次

30
段

（16針）套收針

（−19針）

（平面針）　（花樣編A）　（花樣編B）　（花樣編A）　（平面針）

46.5（起138針）

7.5（18針）　10.5（34針）　10.5（34針）　10.5（34針）　7.5（18針）

（−26針）　（一針鬆緊針）3號棒針

（挑112針）

一針鬆緊針收縫

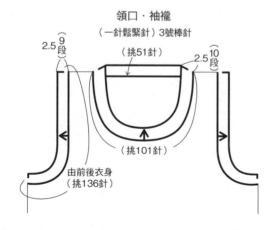

領口・袖襱
（一針鬆緊針）3號棒針

2.5（9段）　（挑51針）　2.5（10段）

（挑101針）

由前後衣身
（挑136針）

花様編A

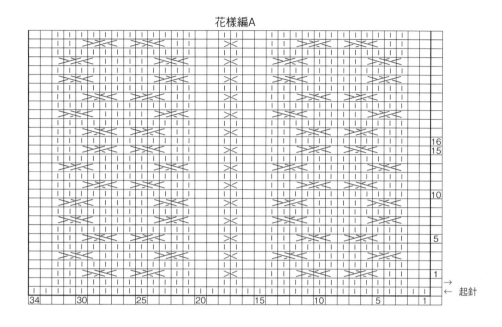

花様編B

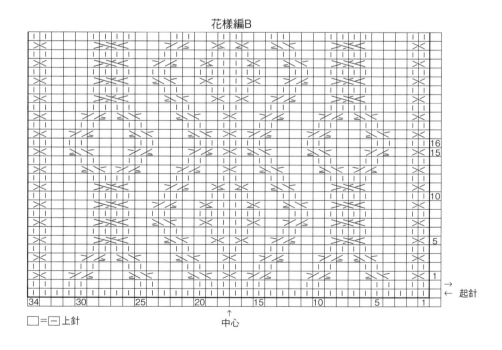

□ =□上針

↑
中心

79

09

扇貝花樣瑪格麗特

P.32

[材料&工具]

線材…Puppy　Soft Douegal　紅色（5203）

270g=7球

針…棒針9號・7號　鉤針8/0號

[密度] 花樣編A 10針=4cm、25段=10cm；

花樣編B 10cm正方形=16針25段

[完成尺寸] 肩袖長約62cm

[編織要點]

1 別鎖起針起74針，依織圖編織花樣編
　A・B・A'。

2 袖口織二針鬆緊針，收針段織套收針。

3 一邊解開別線鎖針一邊挑針，編織另一
　側的袖口。

4 分別對齊兩端合印記號，挑針綴縫袖
　子，在領口與下襬挑針鉤織緣編。

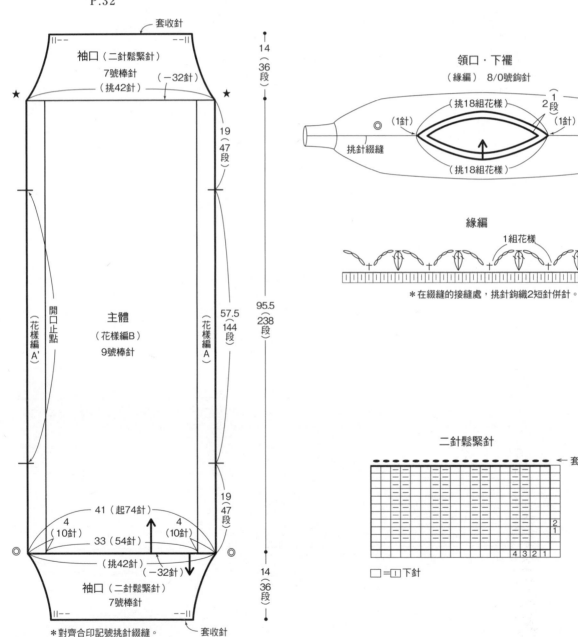

套收針

袖口（二針鬆緊針）

7號棒針　　（−32針）

（挑42針）

★　　　　　　　★

14
（36
段）

19
（47
段）

（花樣編A'）　開口止點　　主體　　（花樣編A）

（花樣編B）

9號棒針

57.5
（144
段）

95.5
（238
段）

19
（47
段）

41（起74針）

4　　　　　　　4
（10針）　　　（10針）

33（54針）

（挑42針）　（−32針）

袖口（二針鬆緊針）

7號棒針

14
（36
段）

＊對齊合印記號挑針綴縫。

套收針

領口・下襬

（緣編）　8/0號鉤針

（挑18組花樣）

◎　　（1針）　　　　　　　　　　　　（1針）

1
2
段

（1針）

★

挑針綴縫

（挑18組花樣）

緣編

1組花樣

①

＊在綴縫的接縫處，挑針鉤織2短針併針。

二針鬆緊針

套收針

2
1

4 3 2 1

□ =□ 下針

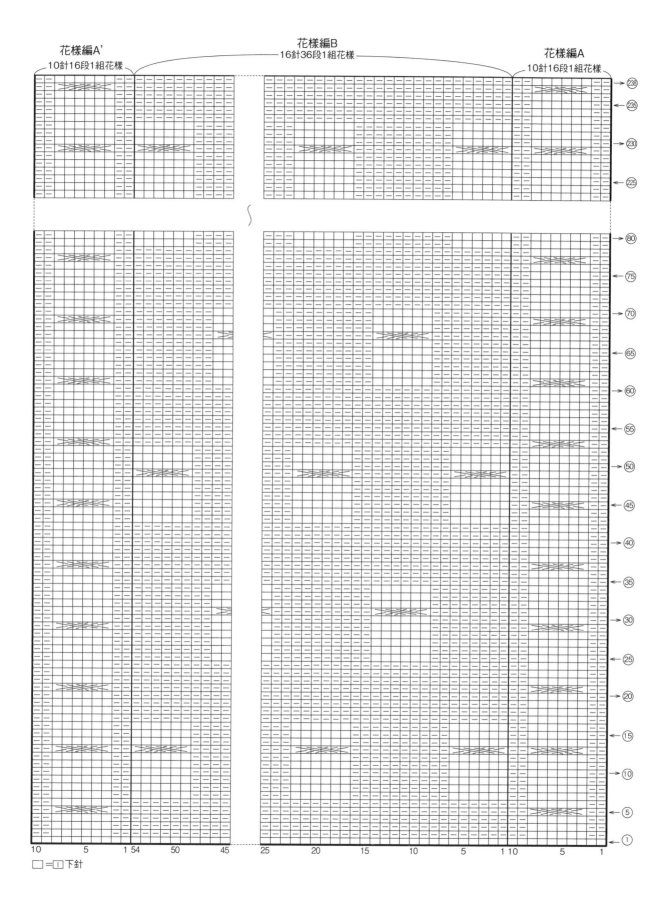

10

露指袖套
P.33

[材料&工具]
線材…Daruma　Asamoya La Seine
原色（2）70g=2球
針…棒針11號
[密度]　10cm正方形=平面針　15針×19段，
花樣編A‧B=20針×19段
[完成尺寸]　手掌圍20cm‧長27.5cm

[編織要點]
1　手指掛線起針，從指尖側開始編織。
2　收針段織法同前段針目，上針織上針套收針，下針織下針套收針。
3　兩側邊對齊後挑針綴縫，中間跳過拇指位置不縫。對稱編織左右手袖套。

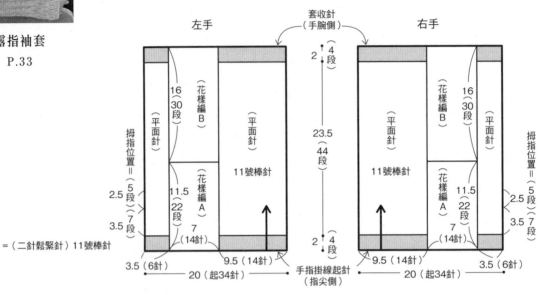

■ =（二針鬆緊針）11號棒針

左手　　　　　套收針（手腕側）　　　　右手

16（30段）　（花樣編B）　（平面針）　2↕4段　（平面針）　（花樣編B）　16（30段）
（平面針）　　　　　　　　　　23.5（44段）　　　　　　　　　　　（平面針）
拇指位置=（5段）　2.5　11.5（22段）　（花樣編A）　11號棒針　11號棒針　（花樣編A）　11.5（22段）　2.5　（5段）拇指位置
3.5（7段）　7（14針）　　　　　　　　　　　　　7（14針）　3.5（7段）
　　　　　　　　　　　　　　2↕4段
3.5（6針）　9.5（14針）　手指掛線起針（指尖側）　9.5（14針）　3.5（6針）
20（起34針）　　　　　　　　　　　　　　20（起34針）

花樣編A‧B

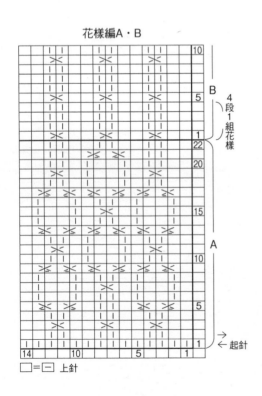

□ =－ 上針

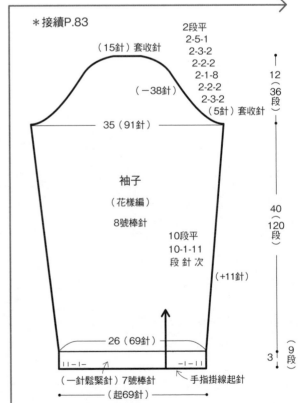

＊接續P.83

（15針）套收針
2段平
2-5-1
2-3-2
2-2-2
2-1-8
2-2-2
2-3-2
（－38針）
（5針）套收針
35（91針）　12（36段）

袖子
（花樣編）
8號棒針
10段平
10-1-11
段針次
（+11針）
40（120段）

26（69針）
（一針鬆緊針）7號棒針　手指掛線起針
（起69針）
3（9段）

12

簡約開襟外套
P.35

[材料&工具]
線材…Daruma　Prime Merino並太
原色（1）針…棒針8號・7號
其他…直徑1.5cm鈕釦5個
[密度] 10cm正方形＝花樣編 26針30段
[完成尺寸] 胸圍91cm・肩寬35cm・衣長46
cm・袖長55cm

[編織要點]
1 手指掛線起針，以一針鬆緊針編織衣
　身。
2 袖襱、領口減2針以上時織套收針，減1
　針時織邊端立針減針。
3 袖子的起編方式同衣身，編織袖下時，
　在邊端內側織扭加針加1針。袖山則以套
　收針與邊端1立針減針。
4 併縫肩線後，在領口挑針編織一針鬆緊
　針，最後以收縫固定。在前襟與領口挑
　針，右前襟織釦眼。挑針綴縫脇邊・袖
　下，引拔併縫接合袖子與衣身。

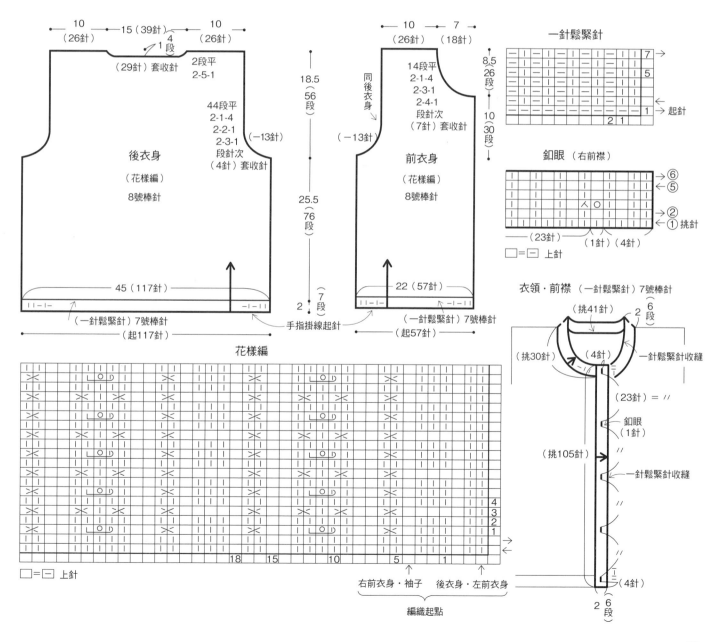

83

皮草滾邊小斗篷

P.34

[材料&工具]
線材…Hamanaka Sonomono Alpaca
Wool 原色（41）385g=10球．
Lupo 杏色（3）80g=2球
針…棒針11號 鉤針8/0號
其他…直徑2cm鈕釦2個
[密度] 10cm正方形=花樣編A 19.5針23.5段
[完成尺寸] 衣長47.5cm

[編織要點]
1 手指掛線起針，參考織圖一邊分散減針
　一邊編織花樣編A。
2 一邊挑針一邊減針完成花樣編B的第1
　段，最後以鉤針鉤織緣編。
3 在前襟背面挑針，鉤織1段短針。右前襟
　織2個釦繩。
4 在下襬挑針，以Lupo線編織起伏針，最
　終段織套收針。
5 以Lupo線製作絨球，縫在左前襟上。

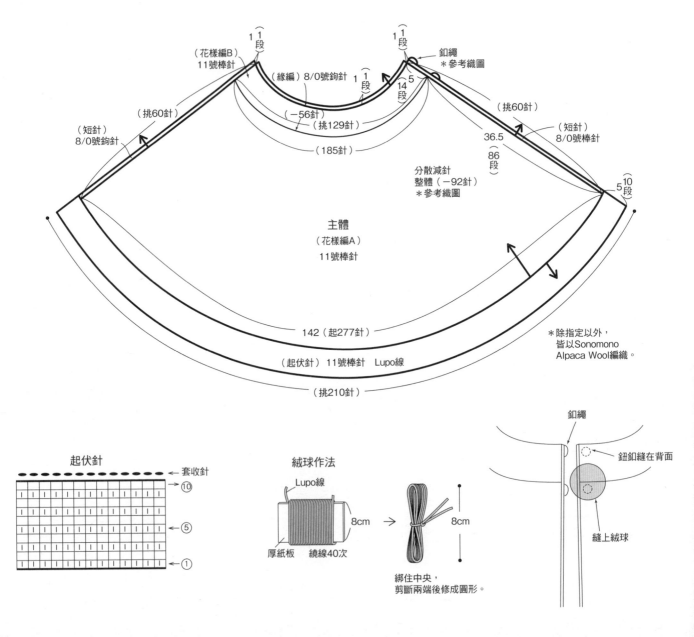

起伏針

← 套收針

← ⑩

← ⑤

← ①

絨球作法

Lupo線

8cm

厚紙板　繞線40次

→

8cm

綁住中央，
剪斷兩端後修成圓形。

釦繩

鈕釦縫在背面

縫上絨球

花樣編A・B

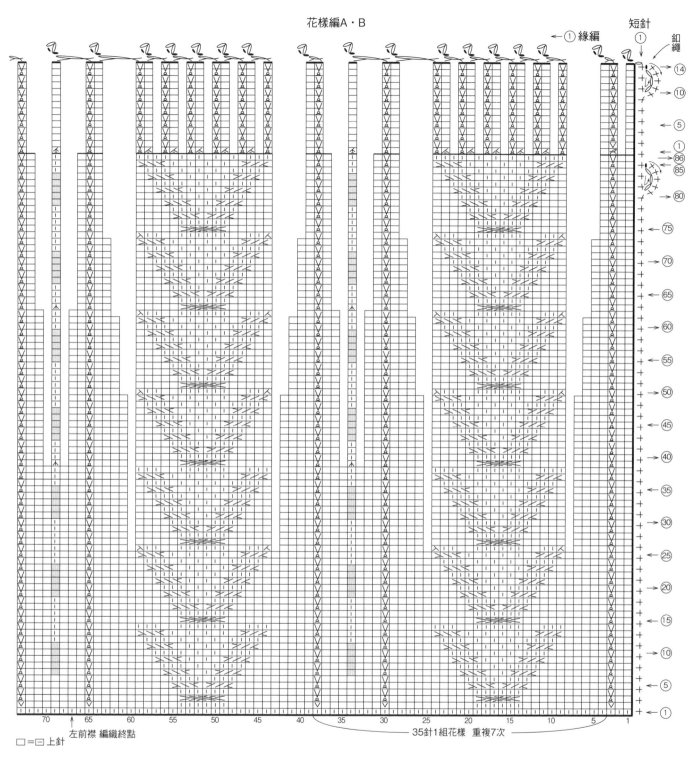

←① 緣編　　短針
←① 緣編
①

釦繩

←⑭
←⑩
←⑤
←①
←86
←85
←80
←75
←70
←65
←60
←55
←50
←45
←40
←35
←30
←25
←20
←15
←10
←⑤
←①

70　　65　　60　　55　　50　　45　　40　　35　　30　　25　　20　　15　　10　　5　　1

↑左前襟　編織終點

35針1組花樣　重複7次

□＝□ 上針

= 　　　　□□□□□□ 　→ 滑針（在背面編織故呈浮針狀）
　　　　　　　5　　←織扭針

＝扭針左上2併針（以左上2併針技巧將左側針目織成扭針狀）
＝扭針右上2併針（以右上2併針技巧將左側針目織成扭針狀）

浮針

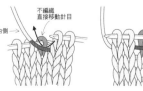

織線置於內側，右棒針依
箭頭指示由外往內穿入，
不編織，直接移動針目。

不編織
直接移動針目
織線
放在內側

85

13

[材料&工具]

線材…Hamanaka　Sonomono Alpaca Wool並太　淺灰色（64）230g=6球

針…棒針7號・6號　鉤針6/0號

其他…直徑3cm鈕釦2個

[密度] 10cm正方形=花樣編A 21針×26段・花樣編B 24.5針×26段

[完成尺寸] 胸圍93cm・肩寬36cm・衣長45cm

[編織要點]

1 手指掛線起針，從下襬開始編織。

2 袖襱、領口減2針以上時織套收針，減1針時織邊端立針減針。參考次頁織圖，在右前衣身的指定段數編織釦眼。前襟最終10針與兩肩最終段皆暫休針。

3 衣身正面相對，對齊後引拔併縫肩線，挑針綴縫脇邊。

4 在袖襱、領口挑針進行環編，最後以一針鬆緊針的收縫固定。

短版背心

P.36

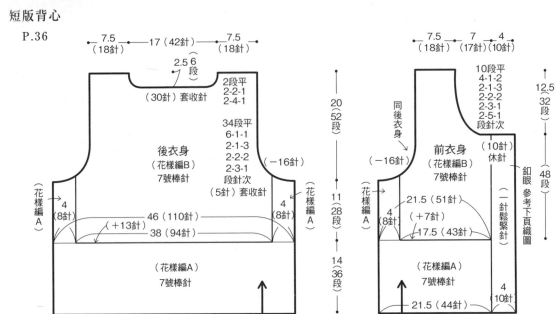

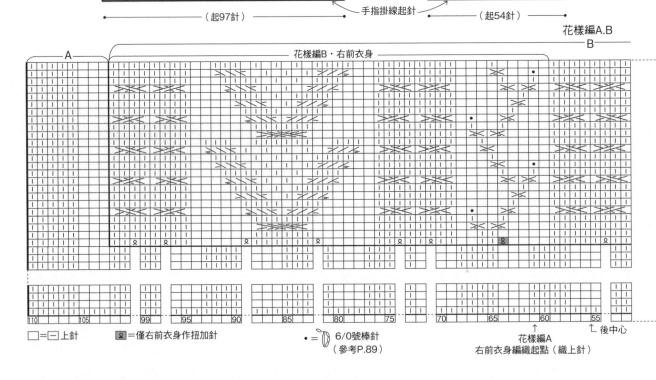

花樣編A.B

□=□ 上針　　　　ℚ=僅右前衣身作扭加針　　　•=⬭ 6/0號棒針（參考P.89）

花樣編A 右前衣身編織起點（織上針）

↑後中心

釦眼（右前襟）

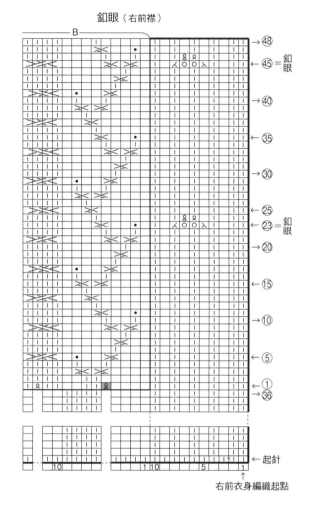

→ 48
← 45 ＝釦眼
→ 40
← 35
→ 30
← 25
← 23 ＝釦眼
→ 20
← 15
→ 10
← 5
← 1
→ 36

← 起針

10 ｜ 1 10 ｜ 5 ｜ 1

右前衣身編織起點

衣領・袖襱
（一針鬆緊針）6號棒針

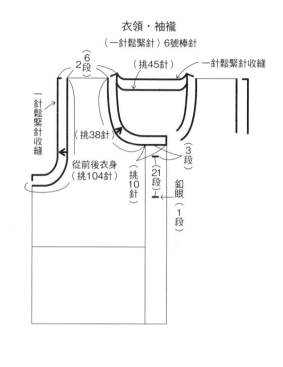

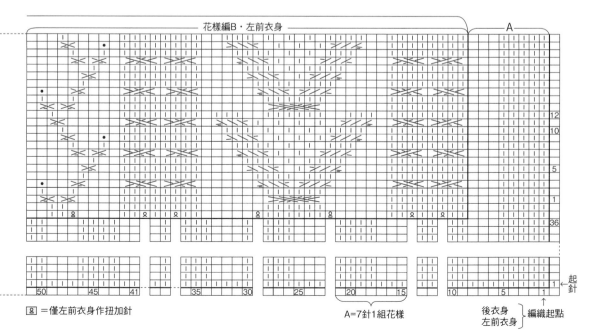

花樣編B・左前衣身 ────────── A

12
10
5
1
36

50 45 41 35 30 25 20 15 10 5 1

起針

⊠＝僅左前衣身作扭加針

A＝7針1組花樣

後衣身
左前衣身

編織起點

橫紋毛衣

P.38

[材料&工具]

線材…Daruma Prime Merino並太

灰色（12）365g＝10球

針…棒針8號·6號

[密度] 10cm正方形＝平面針 21針×27.5段·花樣編27針×28段

[完成尺寸] 胸圍86cm·衣長51.5cm·肩袖長42.5cm

[編織要點]

1 別鎖起針，從右袖的鬆緊針交界處開始編織。花樣編必須以衣身中心為準，左右對稱，交叉針的方向也必須依織圖的指定對稱。領口的56段要將織片分成前·後肩襠編織。

2 袖口參照記號圖減針，編織二針鬆緊針後織套收針。一邊解開別線鎖針一邊挑針，同樣編織二針鬆緊針後作套收針。

3 在肩襠挑針編織衣身。

4 挑針綴縫脇邊。

5 在領口挑針，以環編的二針鬆緊針編織衣領，前後衣身的交接處挑渡線作1針扭針。收針段織法同前段針目，上針織上針套收針，下針織下針套收針。

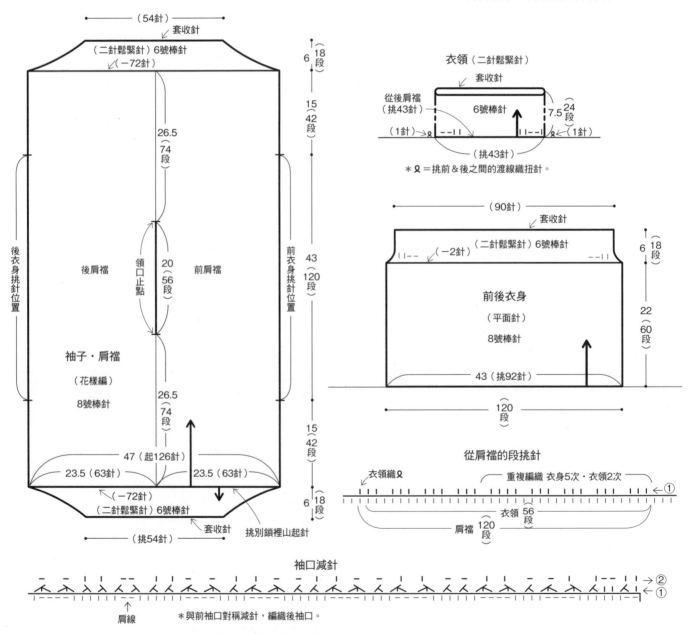

88

＊接續P.86

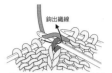

3中長針的玉針

1 鉤針由內往外穿入針目，掛線後鉤出。

2 鉤針再次掛線後鉤出，鉤織立起針的2針鎖針。

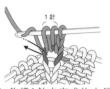

3 鉤針掛線鉤出。

4 鉤織1針未完成的中長針。再重複2次。

5 鉤針掛線後一次引拔3針未完成的中長針。

6 完成1針中長針的玉針。鉤針再次掛線引拔，收緊針目。最後將掛在鉤針上的針目移至右棒針上。

＊作品中的立起針皆為3針鎖針。

花樣編

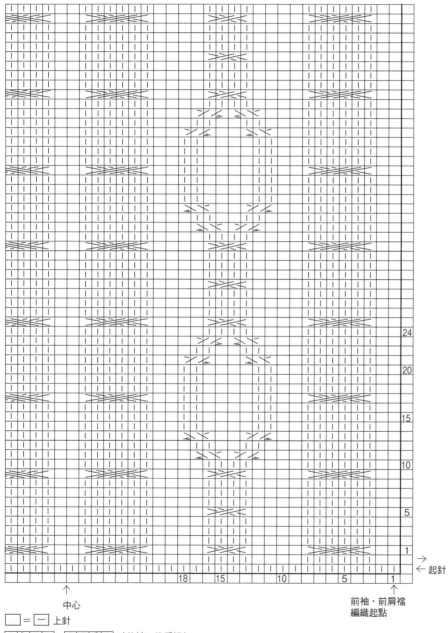

24
20
15
10
5
1
→ 起針
← 起針

18　15　　10　　5　　1

↑
中心

前袖・前肩襠
編織起點

□ = – 上針
（後袖・後肩襠）

＊花樣編以中心為準，左右對稱編織。

15

蝴蝶結背心

P.39

[材料&工具]

線材…Hamanaka Organic Wool Mid Fiel 藏青色（110）290g=8球

針…棒針8號 鉤針7/0號

[密度] 10cm正方形＝平面針・花樣編B 17針×26段，花樣編A 27針×26段

[完成尺寸] 胸圍90cm・肩寬35cm・衣長53cm

[編織要點]

1 手指掛線起針，從下襬開始編織。花樣編A的第1段依織圖進行加針。

2 袖襱、領口減2針以上時織套收針，減1針時織邊端立針減針。

3 前衣身從開口止點分左右兩部分編織，最終段的肩線暫休針。

4 衣身織片正面相對，對齊後引拔併縫肩線。

5 領口、袖襱平均挑針織起伏針，最終段織套收針，挑針綴縫脇邊。

6 在前衣身開口鉤織1段短針修邊。鉤織兩條綁帶，在100針的鎖針上，挑裡山往回鉤織引拔針，再縫於指定位置上。

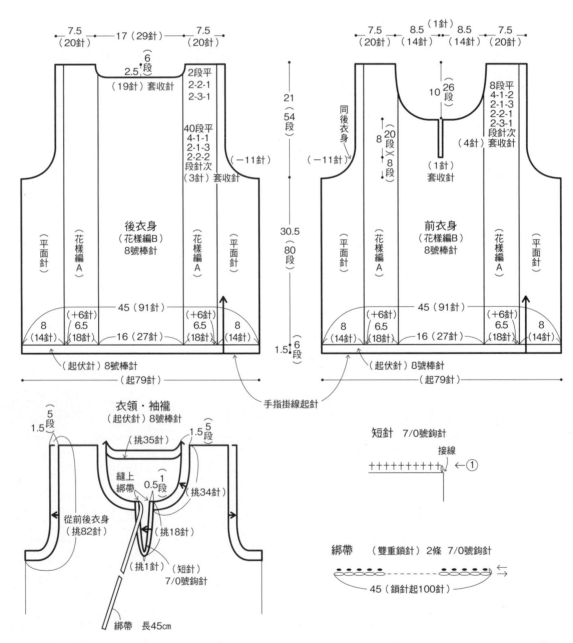

花様編A・B

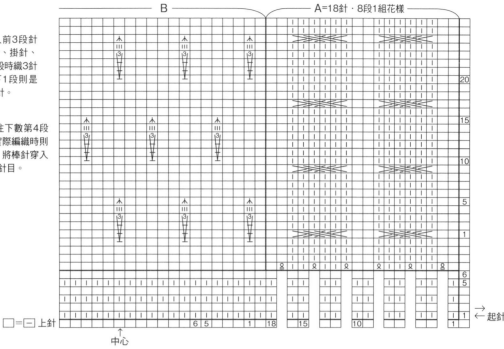

右棒針穿入前3段針目，織下針、掛針、下針，下1段時織3針上針，再下1段則是織中上3併針。

*針法解說圖為往下數第4段的編織情形，實際編織時則是以相同要領，將棒針穿入往下數第3段的針目。

□ = □ 上針

中心

A=18針・8段1組花樣

20

15

10

5

1

6
5

1 ← 起針

← 起針

6 5   1 18   15   10   1

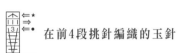

在前4段挑針編織的玉針

1 編織至●記號段時，右棒針依箭頭指示，穿入往下數第4段的針目（×記號段）。

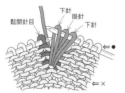

2 在同一個針目鬆鬆地編織下針、掛針、下針，掛在右棒針上。

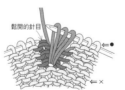

3 鬆開掛於左棒針上，3針完成針目的基礎針目。

4 將針目鬆開的模樣。

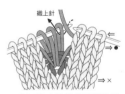

5 下1段（看著背面編織的段）分別織上針。

6 完成從前段挑針編織的3個針目。

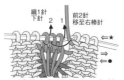

7 編織★記號段時，右棒針依箭頭指示穿入3針中的前2針，不編織直接移開，接著織1針下針。

8 挑起不編織的前2針，套在織好的針目上（中上3併針）。

9 完成往下4段的玉針。

10 下1針起都織上針。

91

高領毛衣
P.40

[材料&工具]
線材…Daruma　Prime Merino合太
杏色（3）360g=12球
針…棒針5號・4號
[密度] 10cm正方形=花樣編A　36針35.5
段・花樣編B　24針35.5段・花樣編C　30針
35.5段
[完成尺寸] 胸圍88cm・衣長54.5cm・肩
袖長70.5cm

[編織要點]
1 別鎖裡山挑針法起針，從左袖起伏針的
　交接處開始編織。一邊編織袖下一邊在
　邊端內側織扭加針加1針，共織166段。
　接著在兩側各織1針捲加針（衣身挑針
　分），編織46段。

2 領口分成前・後肩襠編織。後肩襠織53
針後加1針捲加針（領口挑針分），編織
64段後暫休針。編織領口的8針套收針
後，前肩襠先織1針捲加針（衣領挑針
分）再織44針，同樣織64段。

3 將前後肩襠拉近。與捲加針相對的位置
織2併針減針，領口的8針在別鎖挑針，
恢復105針。編織46段後，在兩側各織1
針2併針，回到103針。

4 袖下以邊端立針減針法減1針。起伏針的
最終段織套收針。

5 一邊解開別線鎖針一邊挑針，編織起伏
針。

6 在肩襠平均挑針編織衣身。挑針綴縫脇
邊、袖下。在領口挑針，以環編編織衣
領，收針段織法同前段針目，上針織上
針套收針，下針織下針套收針。

衣領　（花樣編A）4號棒針

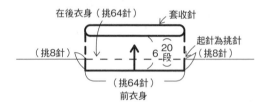

花樣編C

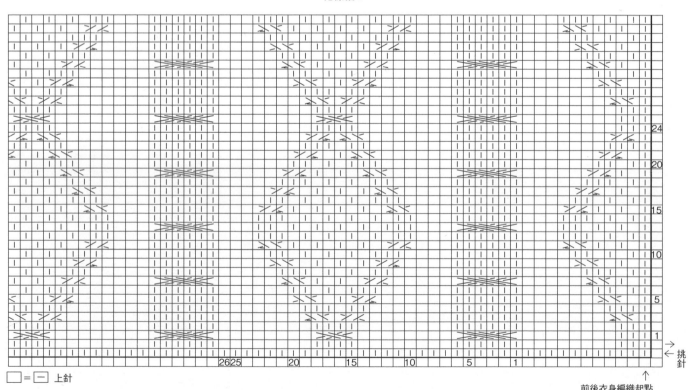

□ = 一　上針

花樣編A

□ = □ 上針

花樣編B

□ = □ 上針

6
5
1

→ 起針
← 起針

9 5 1

衣領編織起點
袖子‧肩襠編織起點

6
5
1

8 5 1

→ 起針
← 起針

袖子‧肩襠第2次 袖子‧肩襠第1次

編織起點

（127針）

（−5針） （起伏針）4號棒針 套收針

1.5（8段）

前後衣身

（花樣編C）

5號棒針

35（124段）

44（挑132針）

（156段）

（69針）
（−6針） 套收針 （起伏針）4號棒針

3.5（9針） 23（75針） 3.5（9針）

1.5（8段）

右袖

（−14針）
32段平
10-1-13
4-1-1

47（166段）

35（103針）

前肩襠 13（46段） 後肩襠

前衣身挑針位置

2.5（8針）起針

18（64段）＝領口

2.5（8針）套收針

15（45針） 18（54針）

13（46段）

35（105針）

後衣身挑針位置

44（156段）

9.5（23針） 9.5（23針）

（1針） （1針）

袖子‧肩襠

（+14針）

47（166段）

（花樣編B） 左袖 （花樣編A） （花樣編B）

5號棒針

4段平
10-1-13
21-1-1
段 針 次

23（起75針）

3.5（9針） 16（57針） 3.5（9針）

（−6針） 套收針

（起伏針）4號棒針

（挑69針）

1.5（8段）

93

麻花長圍巾
P.42

[材料&工具]
線材…Daruma　Prime Merino並太
紅色（17）145g=4球
針…棒針8號
[密度] 10cm正方形=花樣編 26針28段
[完成尺寸] 寬13cm・長182cm

[編織要點]
手指掛線起針，不加減針編織花樣編。收針段織法同前段針目，上針織上針套收針，下針織下針套收針。

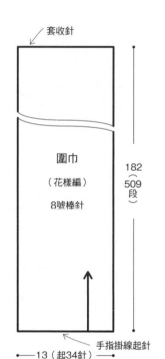

套收針

圍巾
（花樣編）
8號棒針

182
(509段)

手指掛線起針

◄—13（起34針）—►

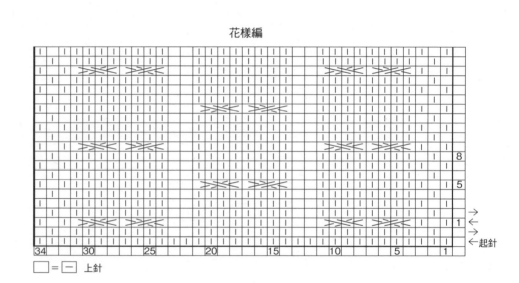

花樣編

8

5

→
←
←起針

| 34 | 30 | 25 | 20 | 15 | 10 | 5 | 1 |

□ = [—] 上針

＊接續P.95

輪狀起針

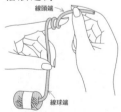
線頭端
線球端

以拇指與中指捏住

1 線頭端在左手食指上繞線兩圈。

2 取下手指上的線圈，再以左手拇指和中指捏住線圈交叉點。

3 將線球端的織線掛於左手上，鉤針穿入線圈中，掛線鉤出織線。

4 鉤針再次掛線鉤出。

5 完成最初的針目（起針），此針目不計入針數。

27

包釦圍巾
P.54

[材料&工具]
線材…Hamanaka　Sonomono Alpaca
Wool並太　杏色（62）85g=3球
針…棒針8號　鉤針5/0號
其他…直徑2cm包釦用平釦2個
[密度] 10cm正方形=花樣編 28針29段
[完成尺寸] 寬16cm・長79cm（含流蘇）

[編織要點]
1 手指掛線起針，開始編織花樣編，圍巾
　兩側織滑針。
2 最終段織套收針。
3 接線鉤織短針，製作釦繩。短針是挑套
　收針的鎖狀針目2條線鉤織。
4 鉤織包釦，縫於指定處。
5 繫上流蘇。

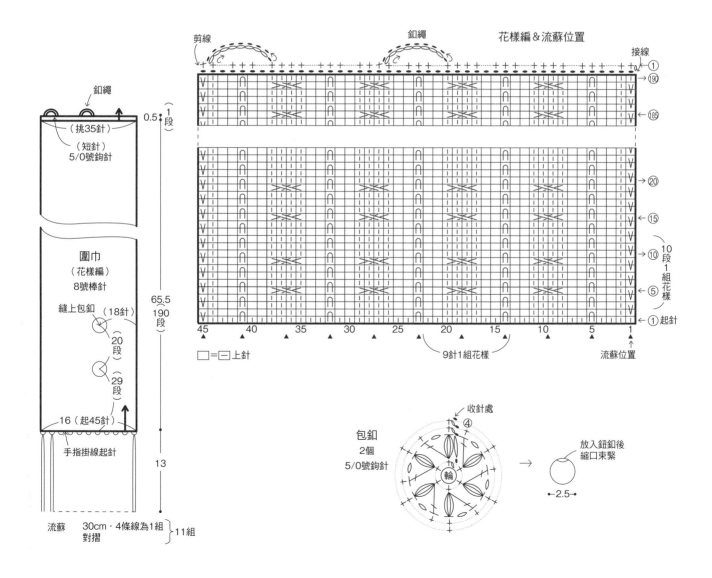

剪線　　　　　　　　　　釦繩　　　花樣編&流蘇位置

接線

□=⊟ 上針

9針1組花樣

流蘇位置

釦繩
（挑35針）
（短針）
5/0號鉤針

0.5　1段

圍巾
（花樣編）
8號棒針

65.5
（190段）

縫上包釦　（18針）
（20段）
（29段）

16（起45針）
手指掛線起針

13

流蘇　30cm・4條線為1組　11組
對摺

10段1組花樣

包釦
2個
5/0號鉤針

收針處
④
輪

放入鈕釦後
縮口束緊
2.5

95

18

波浪紋領片
P.43

[材料&工具]
線材…Daruma　Prime Merino合太
黑色（12）40g=2球
針…棒針5號
其他…直徑1.8cm鈕釦1個
[密度] 10cm正方形=花樣編 30.5針34段
[完成尺寸] 寬17cm‧長53cm

[編織要點]
1 手指掛線起針，以往復編進行一針鬆緊針。花樣編的第1段是看著背面編織，接近中央時，挑針目之間的織線織1針扭加針。在花樣編第2段的右側邊端織釦眼。
2 另一端同樣織一針鬆緊針，第1段減1針以調整針數，編織4段後作套收針，織法同前段針目，上針織上針套收針，下針織下針套收針。
3 縫上鈕釦。

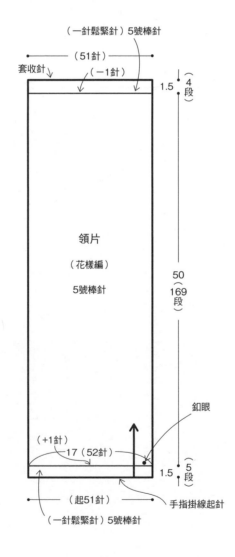

（一針鬆緊針）5號棒針

（51針）

套收針　　　（－1針）

1.5　4段

領片

（花樣編）

5號棒針

50（169）段

釦眼

（+1針）

17（52針）

1.5　5段

（起51針）

手指掛線起針

（一針鬆緊針）5號棒針

花樣編

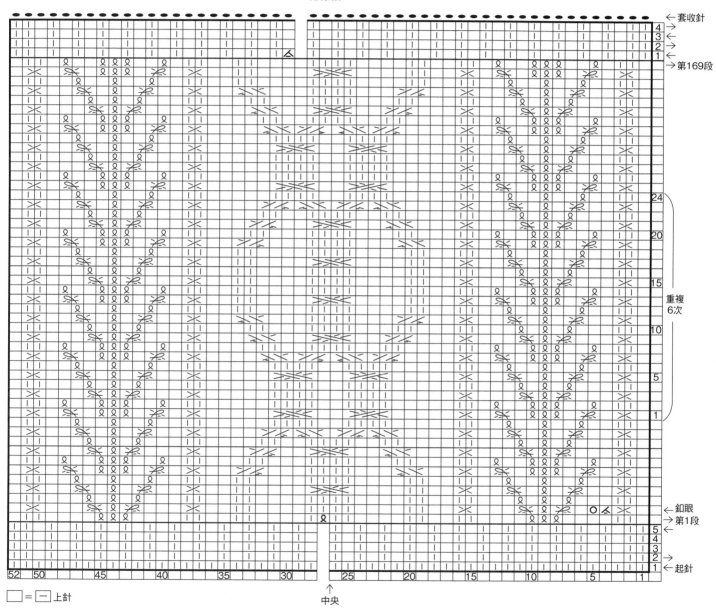

雙排釦背心

P.44

[材料&工具]

線材…Hamanaka Sonomono Alpaca Wool並太 茶色（63）320g=8球

針…棒針8號・7號

其他…直徑2cm鈕釦10個

[密度] 10cm正方形=花樣編A 22針30段・B 26.5針30段・C 29針30段・D 20針30段

[完成尺寸] 胸圍94.5cm・肩寬34cm・衣長51.5cm

[編織要點]

1 別鎖起針從下襬開始編織，依織圖配置編織花樣編。

2 袖襱、領口減2針以上時織套收針，減1針時織邊端立針減針。編織終點的肩線部分暫時休針。參考次頁織圖編織右前衣身，並且在指定段數作釦眼。一邊解開別線鎖針，一邊挑針編織下襬的平面針，最終段織套收針。

3 衣身織片正面相對，對齊後一邊引拔併縫肩線，一邊平均地減6針。挑針綴縫脇邊，由於下襬的平面針會自然往外捲曲，因此這部分要看著背面綴縫，讓縫線位於捲起的正面。

4 分別挑針編織衣領・前襟・袖襱，最後織套收針。

5 在左前衣身縫上鈕釦。

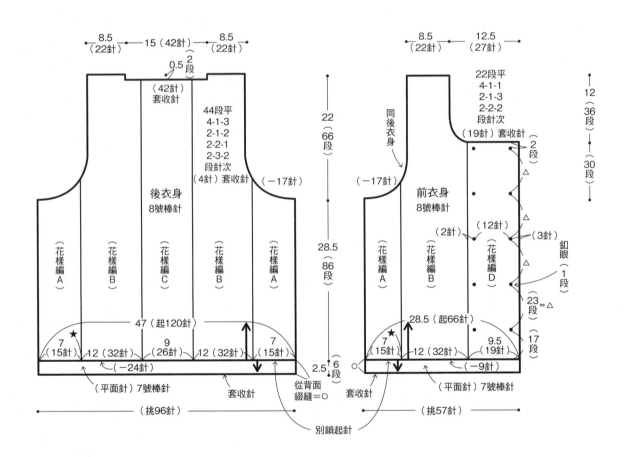

花樣編A

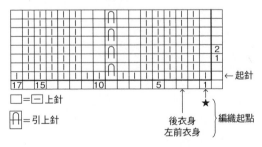

□=〔一〕上針

⊓=引上針

後衣身
左前衣身

編織起點

⊓ ⇒• 引上針
⇐ ×

1 織線置於內側，右棒針由外往內穿入針目。

2 不編織，直接移動針目，將織線直接掛在該針目上。下一針織下針。

3 編織下一段時，棒針依箭頭指示穿入，連同步驟2掛在針目上的織線一起編織。

花樣編B・C

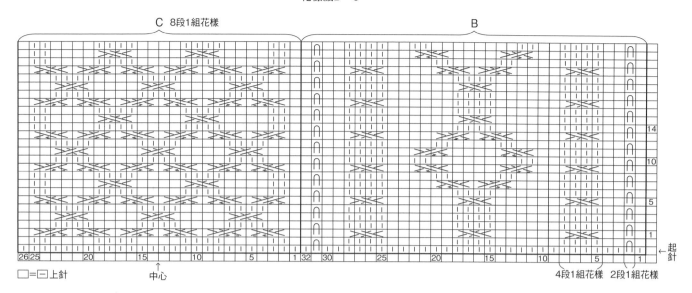

C 8段1組花樣

B

14

10

5

1

26 25　　　20　　　15　　　10　　　5　　1　32　30　　25　　　20　　　15　　　10　　5　　1　←起針

□=□上針

↑中心

4段1組花樣　2段1組花樣

花樣編D＆釦眼（右前衣身）

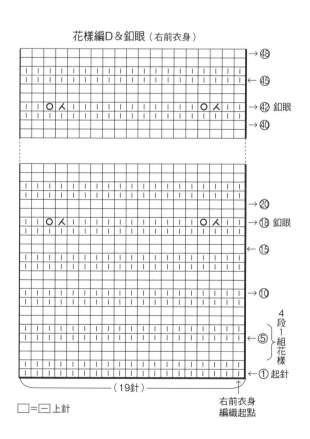

→48

←45

→42 釦眼

→40

→20

→18 釦眼

←15

→10

←5

←① 起針

4段1組花樣

（19針）

□=□上針

右前衣身
編織起點

衣領・前襟・袖襱
（起伏針）7號棒針

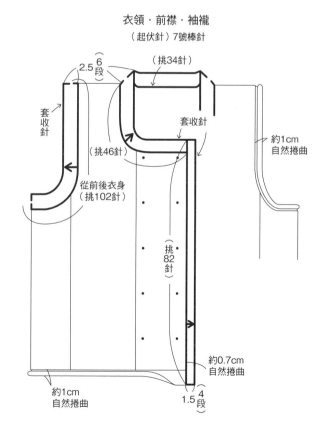

2.5　6段

（挑34針）

套收針

（挑46針）

套收針

約1cm
自然捲曲

從前後衣身
（挑102針）

（挑82針）

約0.7cm
自然捲曲

約1cm
自然捲曲

1.5　4段

20

麻花毛線帽
P.45

[材料&工具]
線材…Hamanaka　Mens Club Master
焦茶色（46）60g=2球・
紅色（42）25g=1球
針…棒針10號・9號
[密度] 10cm正方形=花樣編 18針20段
[完成尺寸] 頭圍50cm・深21cm

[編織要點]
1 手指掛線起針，從帽緣開始進行環編。
　以指定配色編織一針鬆緊針，再改換10
　號棒針編織花樣編。參考織圖作帽頂減
　針。最終段針目穿線2圈後縮口束緊。
2 以紅色線製作絨球後固定在帽頂。

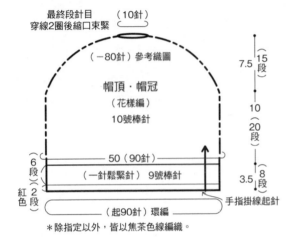

最終段針目
穿線2圈後縮口束緊　　（10針）

（－80針）參考織圖

帽頂・帽冠
（花樣編）
10號棒針

7.5 { 15段
10 { 20段

50（90針）
（一針鬆緊針）9號棒針

3.5 { 8段

6段
紅色
2段

（起90針）環編

手指掛線起針

＊除指定以外，皆以焦茶色線編織。

花樣編＆帽頂減針

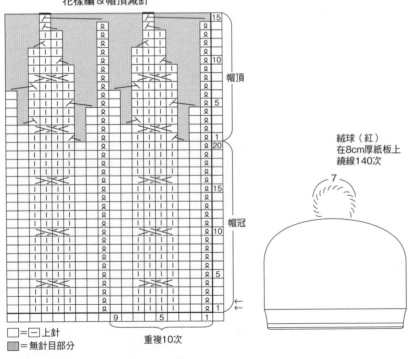

帽頂

帽冠

15
10
5
1
20
15
10
5
1

9　　5　　1

重複10次

□=［－］上針
▨= 無針目部分

絨球（紅）
在8cm厚紙板上
繞線140次

7

＊接續P.101

套收針

主體
（花樣編）
7號棒針

衣領挑針位置

（花樣編A'）　　（花樣編A）

40（96段）

37（88段）

40（96段）

43（101針）
2.5（5針）　38（91針）　2.5（5針）

（起101針）　　手指掛線起針

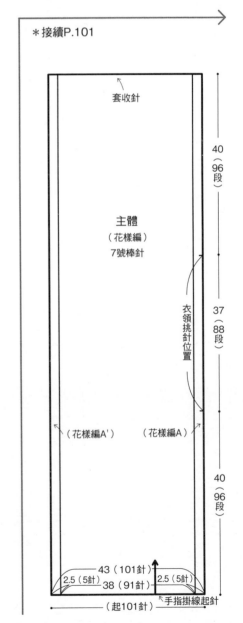

100

21

翻領披肩
P.46

[材料&工具]
線材…Daruma　Prime Merino並太
杏色（3）280g=7球
針…棒針7號・6號　鉤針7/0號
[密度] 花樣編A・A' 2.5cm=5針、10cm=
24段；花樣編B 10cm正方形=24針24段
[完成尺寸] 寬43cm・長117cm

[編織要點]
1 手指掛線起針，依織圖配置開始編織花
樣編A、B。不加減針編織，途中在領片
位置加上記號，最終段織套收針。
2 由於衣領反摺後為正面，因此編織時是
看著主體背面，在領片位置挑針編織。
一邊調整密度一邊織二針鬆緊針，接著
織3段起伏針。最終段改以鉤針從背面鉤
引拔收針。

領片　　調整密度

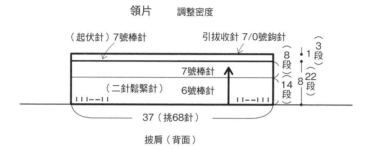

花樣編B

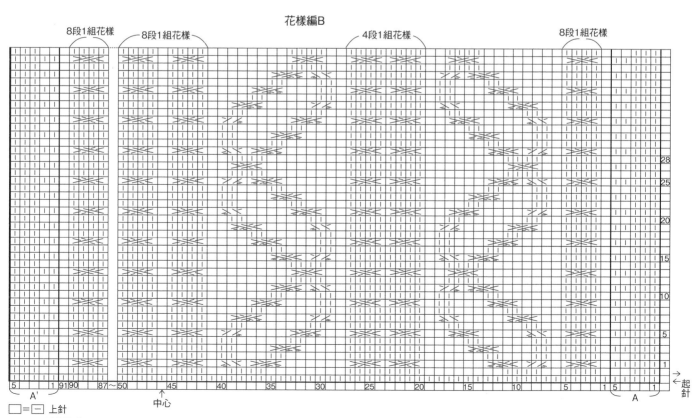

□=－ 上針

＊51～86針的織法同6～41針。

23

玉針襪套
P.50

[材料&工具]
線材…Olympus　Silky　Franc　水藍色
（107）110g＝3球
針…棒針6號・4號　鉤針6/0號
[密度] 花樣編A 10cm正方形＝25針30段，
花樣編B 10cm＝28.5針、5cm＝15段
[完成尺寸] 腳踝圍32cm・長31cm

[編織要點]
1 手指掛線起80針，編織起伏針與花樣編
　A。
2 改換針號編織花樣編B，再以棒針與鉤針
　編織1段緣編。

＊緣編織法
①將織好的右上3併針移回左棒針上，織1針下針後套收。
②改持鉤針，織3鎖針的引拔結粒針與1針鎖針。
③織右上2併針、套收針、1針鎖針。重複步驟①～③。

＊僅花樣編B第1段，79針織好後移至第2段。

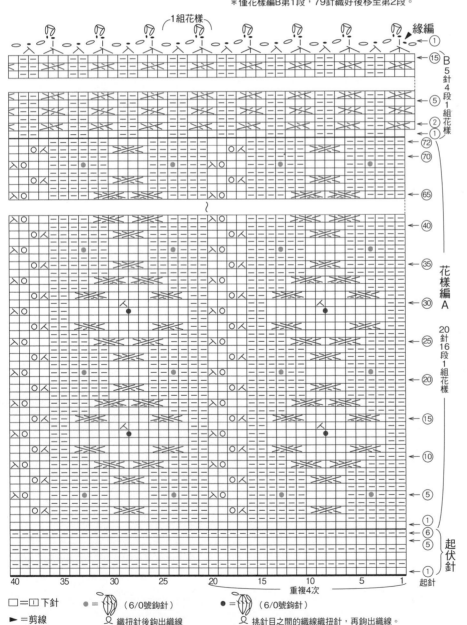

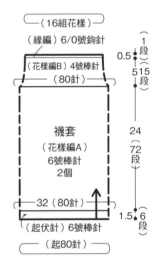

□＝□ 下針　　●＝ （6/0號鉤針）　　●＝ （6/0號鉤針）
►＝剪線　　　織扭針後鉤出織線　　　挑針目之間的織線織扭針，再鉤出織線。

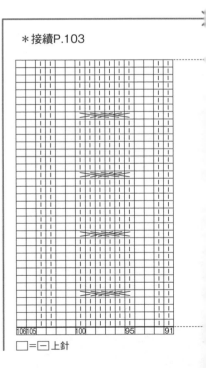

＊接續P.103

□＝□ 上針

船形領背心

P.48

[材料&工具]

線材…Hamanaka Organic Wool Mid Fiel 黃綠色（104）310g=8球

針…棒針8號

[密度] 10cm正方形=二針鬆緊針・花樣編 23針26段

[完成尺寸] 胸圍92cm・肩寬34cm・衣長54.5cm

[編織要點]

1 手指掛線起針，從下襬開始編織二針鬆緊針。

2 以二針鬆緊針編織肩襠，套收袖襱。編織終點的肩線部分暫休針。領口套收針織法同最終段針目，上針織上針套收針，下針織下針套收針。編織2片相同的前後衣身。

3 前後衣身正面相對，對齊後引拔併縫肩線，挑針綴縫脇邊。

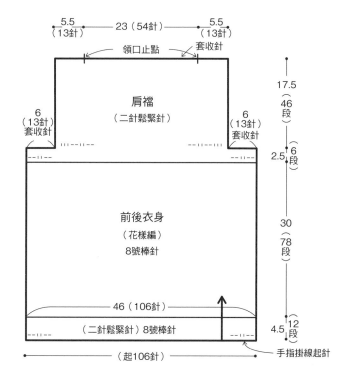

花樣編

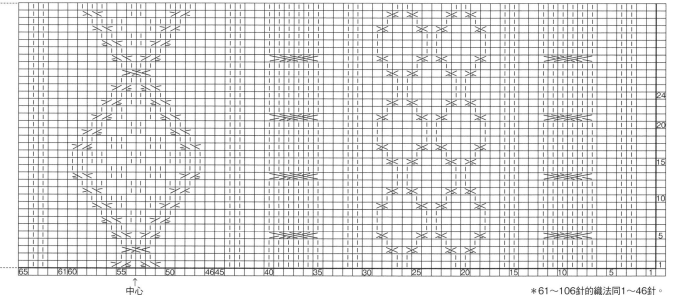

*61～106針的織法同1～46針。

24

藤籃紋毛線帽
P.51

[材料&工具]
線材…Hamanaka　Sonomono Alpaca
Wool並太　原色（61）80g＝2球
針…棒針6號
[密度] 10cm正方形＝平面針 21.5針28段・
花樣編 23針33段
[完成尺寸] 頭圍48cm・高29cm

[編織要點]
手指掛線起針，作環編，不加減針編織
47段花樣編。接著織40段平面針，最後2
段減針，帽頂的最終段針目穿線2圈後縮
口束緊。

最終段針目穿線2圈後縮口束緊

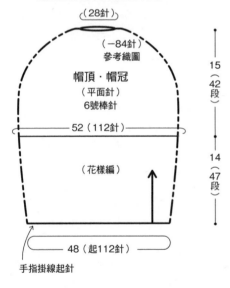

（28針）

（−84針）
參考織圖

帽頂・帽冠
（平面針）
6號棒針

52（112針）

（花樣編）

15
（42段）

14
（47段）

48（起112針）

手指掛線起針

花樣編

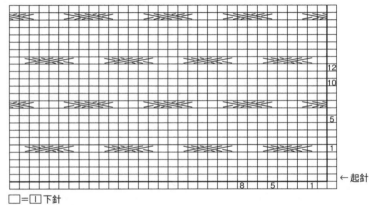

12
10
5
1

←起針

8　5　1

□＝□ 下針

帽頂減針

←42
←40

■＝無針目部分

＊接續P.105

領子（桂花針）4號棒針

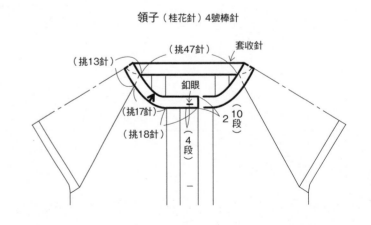

（挑47針）　套收針

（挑13針）

釦眼

（挑17針）

（挑18針）

2（10段）

（4段）

25

拉克蘭袖開襟外套

P.52

[材料&工具]
線材…Daruma　Prime Merino合太
原色（1）180g=6球
針…棒針5號・4號
其他…直徑1.5cm鈕釦6個
[密度] 10cm正方形=平面針 24針33段
[完成尺寸] 胸圍88cm・衣長47.5cm・肩袖長30.5cm

[編織要點]
1 手指掛線起針，從下襬開始編織衣身。編織前衣身下襬的桂花針時，連同前襟一併編織。在拉克蘭線套收5針，並且在邊端2針內側進行減針。前領口則以套收針與邊端1立針減針編織。
2 以編織衣身的要領製作袖子。接縫拉克蘭線時，套收針為平針併縫，段為挑針綴縫，脇邊・袖下也是挑針綴縫。
3 在衣身與袖子挑針編織領口的桂花針，最終段織套收針。

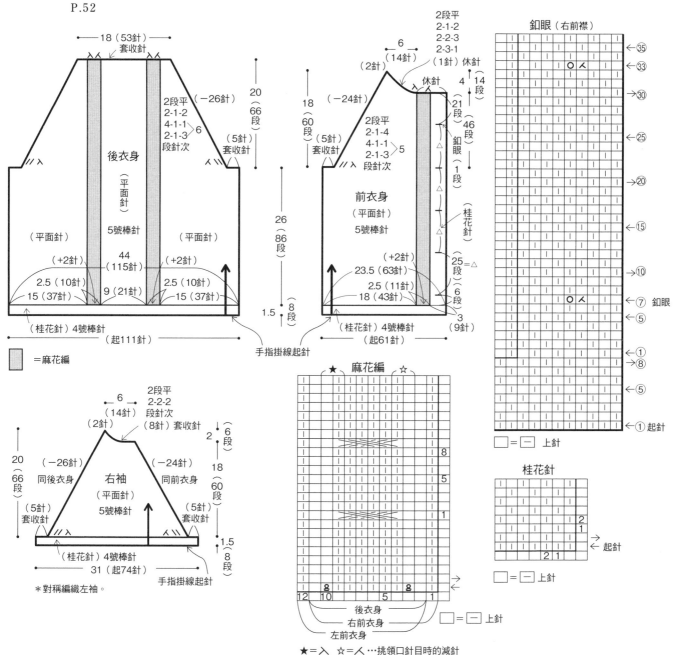

雙口袋長背心

P.53

[材料&工具]
線材…Hamanaka　Mens Club Master
焦茶色（46）440g=9球
針…棒針12號・10號
其他…鉤釦（大）1組
[密度] 10cm正方形=花樣編A・B 14針18段
[完成尺寸] 胸圍97cm・肩寬47cm・衣長62cm

[編織要點]
1 手指掛線起針，由下襬開始編織。
2 袖襱、領口減2針以上時織套收針，減1針時織邊端立針減針。編織終點的肩線部分暫休針。
3 前後衣身正面相對，對齊後引拔併縫肩線，挑針綴縫脇邊。

4 沿前後衣身下襬起針段挑針，織上針平面針，收針段作套收針。將反摺份摺向背面，在挑針段捲針縫固定，作出雙層厚度。
5 前襟同下襬縫合兩端。編織領口前，先以別鎖起針鉤織2條28針的綁帶，然後沿別鎖、領口挑針，作法同下襬。袖襱以「針&段的併縫」縫合袖下。
6 手指掛線起針，參考織圖編織2片口袋，接著改換10號棒針，編織7段上針平面針的袋口，套收針之後同樣對摺，作成雙層。沿外側挑針，同袋口將上針平面針往內對摺縫合，再縫於衣身上。
7 將鉤釦縫在前襟背面。

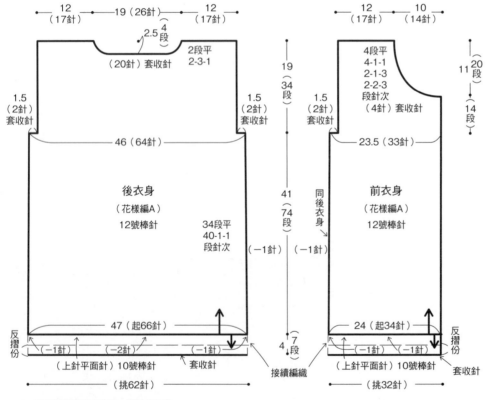

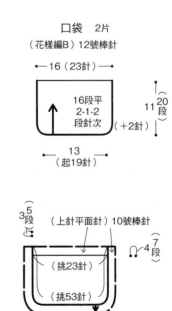

＊將反摺份摺向背面後，捲針縫固定。

花樣編A

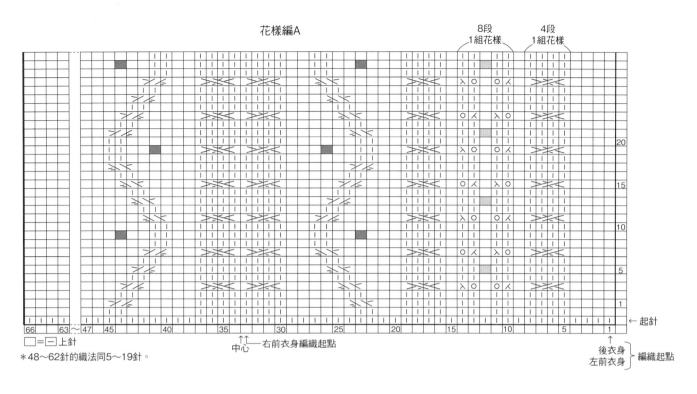

8段 1組花樣
4段 1組花樣

←起針

20
15
10
5
1

66 63～47 45 40 35 30 25 20 15 10 5 1

中心 →右前衣身編織起點

後衣身 左前衣身 } 編織起點

□=─ 上針

＊48～62針的織法同5～19針。

= (以下針、掛針、下針織3針)

= (以下針、掛針、下針、掛針、下針織5針)

花樣編B（口袋）2片

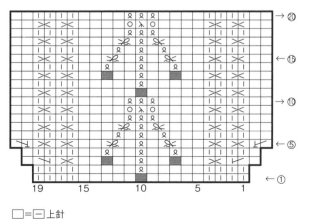

→ 20
← 15
→ 10
← 5
← 1

19 15 10 5 1

□=─ 上針

前襟・領口・綁帶・袖襱
（上針平面針）10號棒針

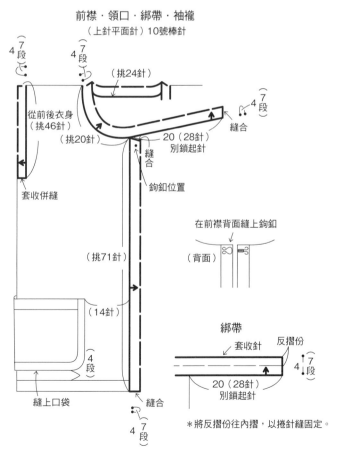

107

長版肩帶背心
P.55

[材料&工具]
線材…Hamanaka　Sonomono Tweed
杏色（72）240g=6球
針…棒針7號‧6號
其他…直徑1.8cm鈕釦5個
[密度] 10cm正方形=平面針　21針27段‧
花樣編A 24針29段
[完成尺寸] 胸圍83.5cm‧肩寬31cm‧衣
長62.5cm

[編織要點]
1 手指掛線起針，從下襬開始編織。
2 脇邊織邊端立針減1針。
3 參考下頁織圖編織袖襱，織4立針減針。
　衣身的編織終點以一針鬆緊針收縫。右
　前衣身依下頁織圖在指定段織釦眼。
4 挑針綴縫脇邊。
5 編織2條肩帶縫於衣身背面。在左前襟縫
　上鈕釦。

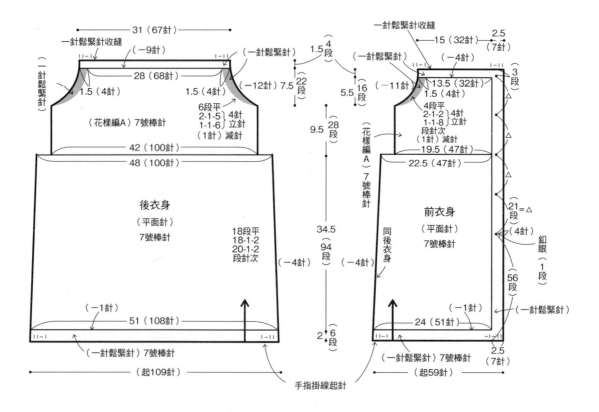

花樣編A

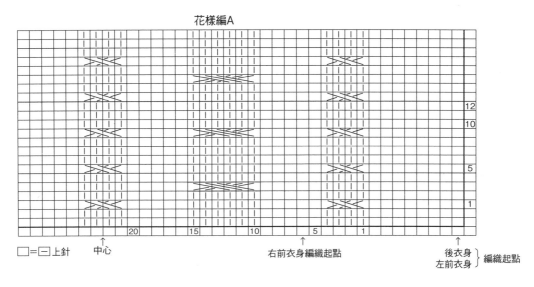

12
10
5
1

20 15 10 5 1

□=□上針　中心　　右前衣身編織起點　　後衣身　　編織起點
　　　　　　　　　　　　　　　　　左前衣身

袖襱（後）

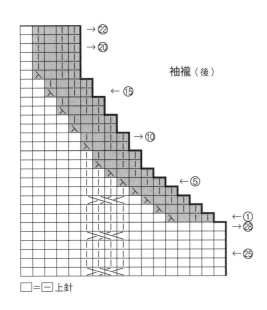

→㉒
→⑳
←⑮
→⑩
←⑤
←①
→㉘
←㉕

□=□上針

釦眼（右前襟）

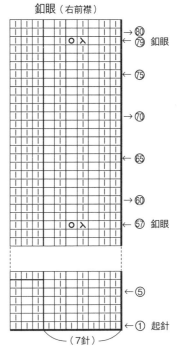

←㊿　釦眼
←⑦⑤
←⑦⓪
←⑥⑤
←⑥⓪
←⑤⑦　釦眼

←⑤
←①　起針

（7針）

肩帶　2條
（花樣編B）6號棒針

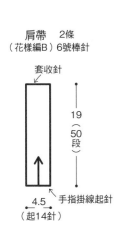

套收針

19
（50段）

手指掛線起針

4.5
（起14針）

花樣編B（肩帶）

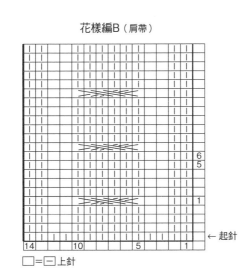

6
5
1
←起針

14 10 5 1

□=□上針

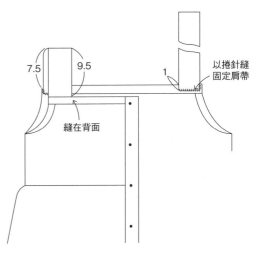

7.5 9.5 1

以捲針縫
固定肩帶

縫在背面

29

帽子

P.56

[材料&工具]

線材…Hamanaka　Sonomono合太

原色（1）70g＝2球

針…棒針5號・3號

[密度] 10cm正方形＝花樣編 29針33段

[完成尺寸] 頭圍50cm・高19cm

[編織要點]

1 別鎖起針，環編進行花樣編。參考織圖
作帽頂減針。帽頂的最終段針目，穿線2
圈後縮口束緊。

2 一邊解開別線鎖針一邊挑針，環編進行
一針鬆緊針。最後以一針鬆緊針收縫。

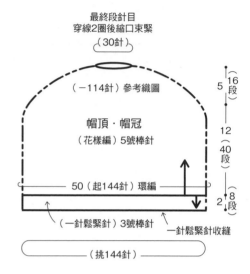

花樣編＆帽頂減針

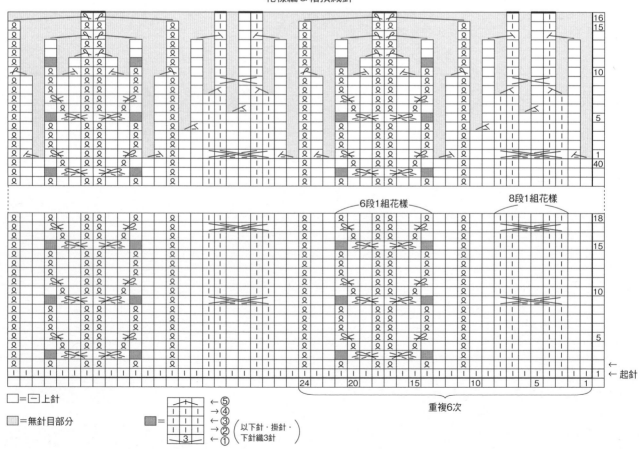

□＝□＝上針

▨＝無針目部分

▨＝ ←⑤ →④ ←③ →② ←① 以下針・掛針・下針織3針

29

圍巾
P.57

[材料&工具]
線材…Hamanaka　Sonomono合太
原色（1）100g=3球
針…棒針5號　鉤針4/0號
[密度] 10cm正方形=花樣編 32針27段
[完成尺寸] 寬13cm‧長約129.5cm（含毛線球）

[編織要點]
1 別鎖起針編織花樣編，最終段織套收針。一邊解開起針段的別線鎖針一邊挑針，翻至背面織套收針。
2 輪狀起針鉤織毛線球，製作10個固定於指定位置上。

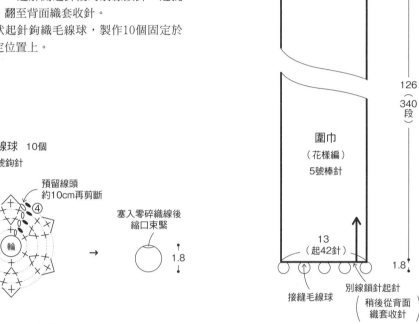

接縫毛線球
套收針
1.8
126（340段）
圍巾
（花樣編）
5號棒針
13
（起42針）
接縫毛線球
別線鎖針起針
（稍後從背面織套收針）
1.8

毛線球　10個
4/0號鉤針

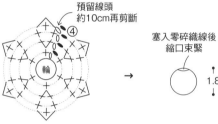

預留線頭
約10cm再剪斷
④
輪
塞入零碎織線後
縮口束緊
1.8

←⑤
→④
←③
→②
←① （以下針‧掛針‧下針織3針）
3
=

花樣編

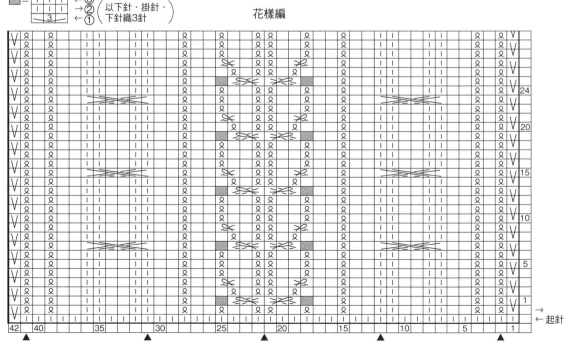

□=□上針　▲=毛線球位置

30

絨球鴨舌帽
P.58

[材料&工具]
線材…Daruma　Asamoya La Seine
茶色（4）60g=2球
針…棒針10號　鉤針8/0號
[密度] 10cm正方形=花樣編B 14針18段
[完成尺寸] 頭圍52cm・高19.5cm

[編織要點]
1 別線鎖針裡山挑針起針，以花樣編A編織飾帶。一邊拆別線鎖針一邊挑針，織好後正面相對，以平針併縫成環狀（請參考下頁圖片）。

2 編織帽冠時，依據織圖挑針位置，從已經織成環狀的飾帶挑針，環狀編織花樣編B。

3 帽頂減針參考織圖，最後一段的針目以織線穿過2回後束緊縮口。

4 從飾帶上挑針織帽舌。挑針位置參考織圖，接線後織短針。

5 帽冠、帽舌周圍織逆短針與1針鎖針緣編。完成絨球後加在帽頂上。

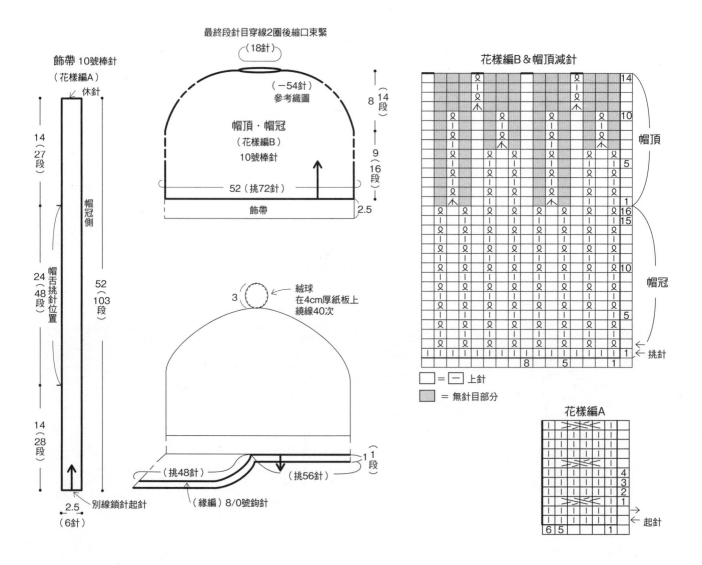

飾帶 10號棒針
（花樣編A）

休針

14（27段）

帽冠側

帽舌挑針位置

24（48段）

52（103段）

14（28段）

2.5（6針）
別線鎖針起針

最終段針目穿線2圈後縮口束緊
（18針）

（－54針）
參考織圖

帽頂・帽冠
（花樣編B）
10號棒針

52（挑72針）

飾帶

8（14段）

9（16段）

2.5

絨球
在4cm厚紙板上繞線40次

3

（挑48針）

（緣編）8/0號鉤針

（挑56針）

1（1段）

花樣編B＆帽頂減針

帽頂

帽冠

挑針

8　5　1

□ = □ 上針

▨ = 無針目部分

花樣編A

4
3
2
1
→起針
←起針

6 5　1

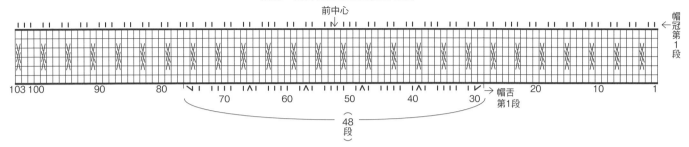

帽冠・帽舌在飾帶上的挑針位置

前中心

帽冠第1段

103 100　　90　　80　　70　　60　　50　　40　　30 →帽舌第1段　　20　　10　　1

（48段）

帽舌　（短針）8/0號鉤針

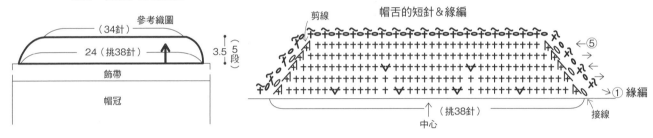

剪線　　帽舌的短針＆緣編

參考織圖

（34針）

24（挑38針）

3.5（5段）

飾帶

帽冠

⑤

①緣編

接線

（挑38針）

中心

平面針併縫

1 如圖拿著飾帶織片，上方為起針段，下方為最終段。

2 縫針由上方第1針的背面入針，穿出後拉緊縫線。

3 縫針由下方的針目背面入針，穿出後拉緊縫線。

4 縫針從正面穿入上方第1針，再由第2針背面入針，正面出針。

5 拉緊縫線。

6 接著從正面穿入下方第1針，再由第2針背面入針，正面出針。

7 拉緊縫線。

8 重複步驟**4～7**。拉線時要注意，縫合針目大小要與編織針目相同。

短袖開襟毛衣

P.59

[材料&工具]
線材…Daruma　Asamoya La Seine
深綠色（6）360g=9球
針…棒針12號‧10號
其他…直徑2cm鈕釦4個
[密度] 10cm正方形=花樣編A‧C 13針20
段，花樣編B 21針20段
[完成尺寸] 胸圍90cm‧肩寬53cm‧肩袖
長27.5cm

[編織要點]
1 別鎖起針，依織圖配置開始編織衣身的
　花樣編。在袖襱止點加上記號，編織至
　肩線為止。繼續在後衣身編織衣領，左
　右兩側以捲加針加上縫份，最終段織套
　收針。
2 在右前衣身織釦眼。一邊解開別線鎖針
　一邊挑針編織一針鬆緊針，最後以一針
　鬆緊針收縫固定。
3 引拔併縫肩線。
4 在袖口挑針織一針鬆緊針。衣領對齊
　前衣身的合印記號，以針＆段的併縫固
　定。挑針綴縫脇邊‧袖口。

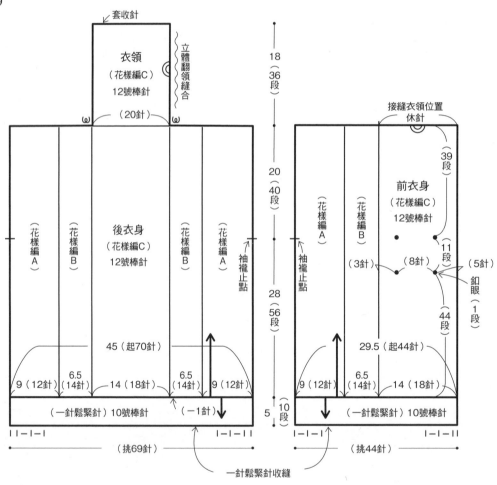

針＆段的併縫

〈下針〉

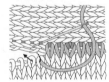

1 在段上挑1條針目間的織
線後，拉線。

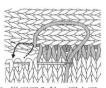

2 從正面入針，再由下一
針目的背面入針、正面出
針，拉緊縫線。交互挑縫
段&針。

〈上針〉

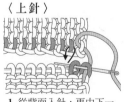

1 從背面入針，再由下一
針目的正面入針、背面出
針，拉緊縫線。

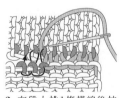

2 在段上挑1條橫線後拉
線。交互挑縫針&段。

花樣編A

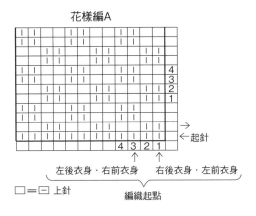

左後衣身・右前衣身 　　　 右後衣身・左前衣身
└──────────┬──────────┘
編織起點

□＝□ 上針

花樣編B

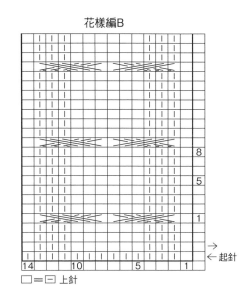

□＝□ 上針

花樣編C

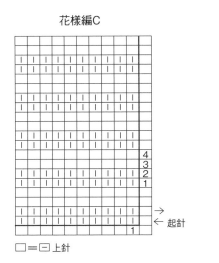

□＝□ 上針

袖口
（一針鬆緊針）10號棒針

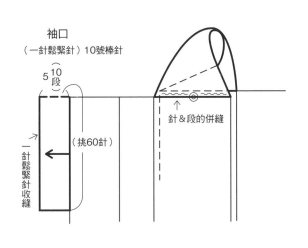

釦眼（右前衣身）

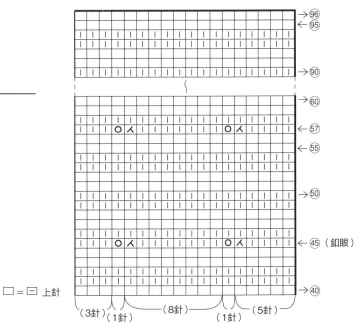

□＝□ 上針

32

圈圈紗背心

P.60

[材料&工具]

線材…Hamanaka　Sonomono Loop

原色（51）280g=7球

針…棒針7mm　鉤針7mm

其他…4×2.7cm鈕釦3個、直徑1.5cm內釦1個

[密度] 10cm正方形=平面針 10針16段・花樣編13.5針16段

[完成尺寸] 胸圍Free Size・衣長50cm・肩寬32cm

[編織要點]

1 別鎖起針開始編織前後衣身。後衣身脇邊暫休針，袖襱織套收針。起針段僅解開袖襱部分的鎖針，同樣織套收針。

2 右前衣身的收針段為前襟，織套收針。左前衣身的收針段作法同後衣身，起針段則是解開別鎖，將針目移到棒針上織套收針。

3 前後衣身織片正面相對，對齊後挑針綴縫肩線，引拔併縫脇邊。

4 在右前衣身鉤織3個釦繩，左前衣身則是在最上端鉤織1個。在左前衣身的指定位置縫上鈕釦，內釦則縫在右前衣身背面。

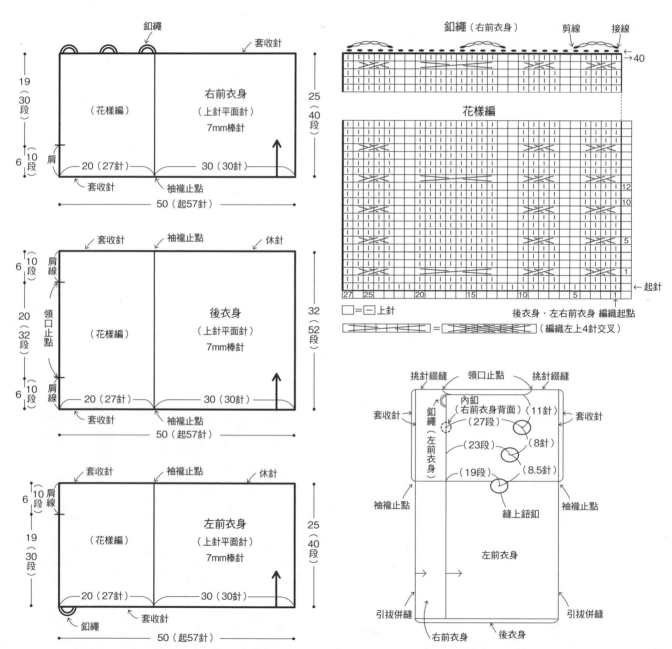

34

簡約背心

P.62

[材料&工具]

線材⋯Hamanaka　Sonomono Alpaca Wool並太　淺灰色（64）240g=6球

針⋯棒針8號・7號

[密度] 10cm正方形=上針平面針　22針27段・花樣編 26針27段

[完成尺寸] 胸圍88cm・肩寬34cm・衣長52.5cm

[編織要點]

1　手指掛線起針，從下襬開始織二針鬆緊針。

2　袖襱、領口減2針以上時織套收針，減1針時織邊端立針減針。最終段的肩線部分暫休針。

3　前後衣身織片正面相對，對齊後引拔併縫肩線，挑針綴縫脇邊。

4　在袖襱、領口挑針進行環編的二針鬆緊針，收針段織法同前段針目，上針織上針套收針，下針織下針套收針。

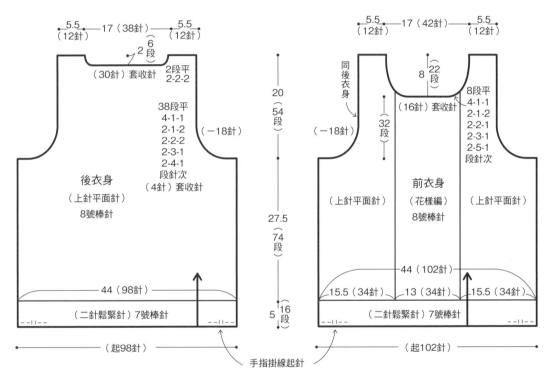

後衣身

5.5（12針）　17（38針）　5.5（12針）

（30針）套收針　2段平 2-2-2　6段 2段

38段平
4-1-1
2-1-2
2-2-2
2-3-1
2-4-1
段針次
（4針）套收針

（−18針）

後衣身
（上針平面針）
8號棒針

44（98針）

（二針鬆緊針）7號棒針

（起98針）

手指掛線起針

20（54段）

27.5（74段）

5（16段）

前衣身

5.5（12針）　17（42針）　5.5（12針）

8　22段

（16針）套收針

8段平
4-1-1
2-1-2
2-2-1
2-3-1
2-5-1
段針次

同後衣身

（−18針）

32段

前衣身
（花樣編）
8號棒針

（上針平面針）　（上針平面針）

44（102針）

15.5（34針）　13（34針）　15.5（34針）

（二針鬆緊針）7號棒針

（起102針）

花樣編

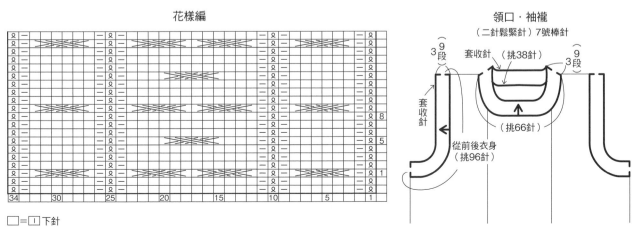

領口・袖襱
（二針鬆緊針）7號棒針

3段 9段　套收針（挑38針）　9段 3段

套收針

（挑66針）

從前後衣身（挑96針）

□=□ 下針

高領背心
P.61

[材料&工具]
線材…Hamanaka Sonomono Tweed
淺灰色（74）280g=7球
針…棒針6號　鉤針6/0號
其他…直徑1.5cm鈕釦3個
[密度] 10cm正方形=花樣編 25針29段
[完成尺寸] 胸圍98cm・肩寬36cm・衣長
53.5cm

[編織要點]
1 手指掛線起針，從下襬開始織起伏針。
2 袖襱減2針以上時織套收針，減1針時織
　邊端立針減針。前衣身從袖襱的第45段
　開始分左、右編織；右前襟參考下頁織

圖，在指定段織釦眼；左前襟以捲加針
加4針再編織。
3 前後衣身織片正面相對，對齊後引拔併
　縫肩線。
4 在袖襱挑針織5段起伏針，然後一邊織上
　針一邊套收。挑針綴縫脇邊。
5 挑針編織衣領，先織14段花樣編，再織5
　段起伏針，最後看著背面織套收針。前
　襟以1段短針修邊。左前襟的4針加針在
　背面以捲針併縫固定。

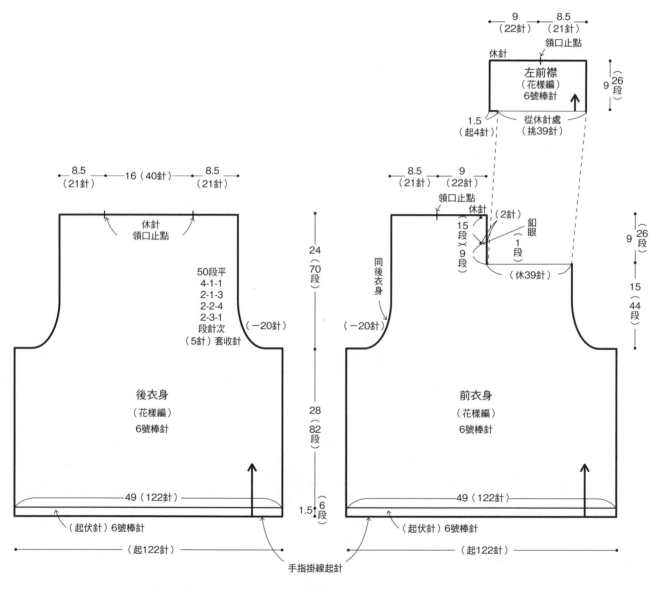

釦眼（右前襟）

| →套收針 |
| ←① |
| →⑭ |
| →⑩ |
| ←⑤ |
| ←① |
| →㉖ |
| ←㉕ |
| →⑳ |
| ←⑮ |
| →⑩ |
| ←⑤ |
| →② |
| ←① |

衣領
↑

□＝□上針

↑
右前襟

衣領
（花樣編）6號棒針

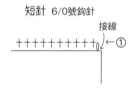

（起伏針）
6號棒針

1.5（5段）

套收針

釦眼（1針）

1.5（5段）

5（14段）

（↑1段）

（挑22針）

（挑26針）

袖襱
（起伏針）
6號棒針

從前後衣身
（挑112針）

套收針

在背面併縫
左前襟（4針）

前襟
（短針）
6/0號鉤針

0.5（1段）

從後衣身（挑40針）

＊衣領的花樣編是延續衣身的花樣編織。

短針 6/0號鉤針

接線

+++++++++++ ←①

花樣編

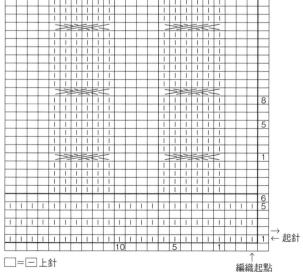

| 8 |
| 5 |
| 1 |
| 6 |
| 5 |
| 1 | ← 起針 |

10　　5　　1

□＝□上針

↑
編織起點

國家圖書館出版品預行編目資料

經典愛爾蘭：艾倫花樣手織服 / 日本VOGUE社編著；
林麗秀譯. -- 二版. -- 新北市：雅書堂文化, 2019.11
　面；　公分. -- (愛鉤織；39)
ISBN 978-986-302-517-7(平裝)

1.編織 2.手工藝

426.4　　　　　　　　　　　　　　108017488

【Knit・愛鉤織】39

經典愛爾蘭　艾倫花樣手織服

作　　　者／日本VOGUE社編著
譯　　　者／林麗秀
發 行 人／詹慶和
總 編 輯／蔡麗玲
執行編輯／蔡毓玲
特約編輯／蘇方融
編　　　輯／劉蕙寧・黃璟安・陳姿伶・陳昕儀
執行美編／陳麗娜
美術編輯／周盈汝・韓欣恬
內頁排版／造極
出 版 者／雅書堂文化事業有限公司
發 行 者／雅書堂文化事業有限公司
郵撥帳號／18225950
戶　　　名／雅書堂文化事業有限公司
地　　　址／新北市板橋區板新路206號3樓
電　　　話／（02）8952-4078
傳　　　真／（02）8952-4084
網　　　址／www.elegantbooks.com.tw
電子郵件／elegantbooks@msa.hinet.net

2015年1月初版　2019年11月二版一刷　定價380元

ARAN-MOYO NO KNIT（NV70148）
Copyright © 2012 NIHON VOGUE-SHA
All rights reserved.
Photographer: Junichi Okugawa, Noriaki Moriya
Designers of the projects in this book: KAZEKOBO, Mariko Oka, Mayumi Kawai,
Sachiyo Fukao, Keiko Okamoto, Takako Mizuhara, Yumiko Maeme, Yoko Kitagawa,
Mitsuko Kinoshita, Junko Yokoyama, Kuniko Hayashi, Jun Shibata, Emiko Kamata
Original Japanese edition published in Japan by Nihon Vogue Co., Ltd.
Traditional Chinese translation rights arranged with Nihon Vogue Co., Ltd. through
Keio Cultural Enterprise Co., Ltd.
Traditional Chinese edition copyright©2014 by Elegant Books Cultural Enterprise
Co., Ltd.

經銷／易可數位行銷股份有限公司
地址／新北市新店區寶橋路235巷6弄3號5樓
電話／（02）8911-0825
傳真／（02）8911-0801

Staff
攝　　影／森谷則秋（作品）・奧川純一（模特兒）
造　　型／絵內友美（作品）・浦神ミユキ（模特兒）
模 特 兒／宮本りえ
書籍設計／周玉慧
編輯協力／西田千尋
責任編輯／太田麻衣子

攝影協力
PROPS NOW TOKYO　TEL／03-3473-6210
AWABEES　TEL／03-5786-1600

素材提供
Olympus製絲株式会社
http://www.olympus-thread.com/

株式会社Daidoh International　Puppy事業部
http://www.puppyarn.com/

Hamanaka株式会社　京都本社
http://www.hamanaka.co.jp

横田株式会社
http://www.daruma-ito.co.jp/

Aran Knitting

Aran Knitting

Aran Knitting

Aran Knitting